知识生产的原创基地
BASE FOR ORIGINAL CREATIVE CONTENT

颉腾商业
JIE TENG BUSINESS

东尼·博赞
思维导图经典书系

创新思维
The Equation

[英] **东尼·博赞**（Tony Buzan）著

亚太记忆运动理事会　译

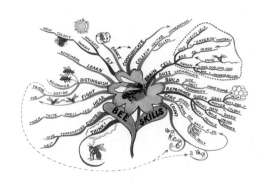

中国广播影视出版社

图书在版编目（CIP）数据

创新思维 /（英）东尼·博赞（Tony Buzan）著；
亚太记忆运动理事会译. — 北京：中国广播影视出版社，
2023.10
书名原文：The Equation
ISBN 978-7-5043-9078-3

Ⅰ. ①创… Ⅱ. ①东… ②巴… Ⅲ. ①创造性思维
Ⅳ. ①B804.4

中国国家版本馆CIP数据核字 (2023) 第154372号

Title: The Equation
By: Tony Buzan
Copyright © 2015 by Tony Buzan
Simplified Chinese edition copyright　© 2023 by Beijing Jie Teng Culture Media Co., Ltd.

北京市版权局著作权合同登记号　图字：01-2023-2925 号

创新思维
〔英〕东尼·博赞　著
亚太记忆运动理事会　译

策　　划	亚太记忆运动理事会　颉腾文化	
责任编辑	王　萱　赵之鉴	
责任校对	张　哲	

出版发行 中国广播影视出版社
电　　话 010-86093580　010-86093583
社　　址 北京市西城区真武庙二条 9 号
邮　　编 100045
网　　址 www.crtp.com.cn
电子信箱 crtp8@sina.com

经　　销 全国各地新华书店
印　　刷 鸿博昊天科技有限公司

开　　本 650毫米 ×910毫米　1/16
字　　数 219（千）字
印　　张 17.25
版　　次 2023 年 10 月第 1 版　2023 年 10 月第 1 次印刷

书　　号 ISBN 978-7-5043-9078-3
定　　价 69.00 元

出版说明

相信中国读者对思维导图发明人东尼·博赞先生并不陌生，这位将一生都献给了脑力思维开发的"世界大脑先生"，所开发的思维导图帮助人类打开了智慧之门。他的大作"思维导图"系列图书在全世界范围内影响了数亿人的思维习惯，被人们广泛应用于学习、工作、生活的方方面面。

作为博赞®知识产权在亚洲地区的独家授权及经营管理方，亚太记忆运动理事会博赞中心®致力于将东尼·博赞先生的经典著作带给更多的读者朋友，让更多的博赞®知识体系爱好者跟随东尼·博赞先生一起挑战过去的思维习惯，改变固有的思维模式，开发出大脑的无穷潜力，让工作和学习从此变得简单而高效。

秉持如此初衷，我们邀请到来自全国各地、活跃在博赞®认证行业一线的专业精英们组成博赞®知识体系专家团队，担起"思维导图经典书系"的审稿工作，并对全部内容进行了修订和指导。专家团队的成员包括刘艳、刘丽琼、杨艳君、陆依婷等。专家团队与编辑团队并肩工作了数月，逐字逐图对文稿进行了修订。这套修订版在中文的流畅性、思维的严谨性上得到了极大的提升，更加适合中国读者的阅读需求和学习习惯。我们在这里敬向所有参与修订工作的专家表示由衷感谢，也对北京颉腾文化传媒有限公司的识见表示赞赏。

期待这份努力不负初衷，让经典著作重焕新生，也希望这套图书在推广博赞®思维导图、促进全民健脑运动方面，能起到重要而关键的作用。

亚太记忆运动理事会博赞中心®

亚太官网：www.tonybuzan-asia.com

中文官微：world_mind_map

我们将此书献给那些在当今的智力时代、头脑世纪和思维新千年为了人类智力的扩展和自由而奋斗的思维勇士们。

——东尼·博赞

LETTER FROM TONY BUZAN
INVENTOR OF MIND MAPS

The new edition of my Mind Set books
and my biography, written by Grandmaster Ray
Keene OBE will be published simultaneously this year in
China. This is an historical moment in the advance of global
Mental Literacy , marked by the simultaneous release of the
new edition of Mind Set and my biography to millions of
Chinese readers. Hopefully, this simultaneous release will
create a sensation in China.

The future of the planet will to a significant extent be decided
by China, with its immense population and its hunger for
learning. I am proud to play a key role in the expansion of
Mental Literacy in China, with the help of my good friend and
publisher David Zhang, who has taken the leading role in
bringing my teachings to the Chinese audience.

The building blocks of my teaching are memory power , speed
reading, creativity and the raising of the multiple intelligence
quotients, based on my technique of Mind Maps. Combined
these elements will lead to the unlocking of the potential for
genius that resides in you and every one of us.

TONY BUZAN

MARLOW UK 05/07/2013

东尼·博赞为新版"思维导图"书系
致中国读者的亲笔信

今年,新版"思维导图"书系和雷蒙德·基恩为我撰写的传记将在中国出版发行,数百万中国读者将开始接触并了解思维潜能开发的相关知识和应用。这无疑是一个具有历史意义的重要时刻——它预示着我们将步入全球思维教育开发的时代。我希望它们能在中国引起巨大的反响。

中国有着众多的人口,他们有着强烈的求知欲,这在很大程度上将决定世界的未来。我很自豪,在我的好朋友、出版人张陆武先生的帮助下,我在中国的思维教育中发挥了一些关键的作用。我非常感谢他,是他把我的思维教育理念带给了中国的大众。

我的思维教育是建立在思维导图技能基础上的多种理念的集合,包括记忆力、快速阅读、创造力和多元智力的提升等。如果把这些元素结合起来,我们就能发掘自身的天才潜能。

东尼·博赞

2013年7月5日

| Contents 目录 |

｜第三部分｜　　**天才的思考方程式——E ↛ M = C$^\infty$**

作为近 40 年来全球最伟大的教育家之一，东尼·博赞的方法激励着众人尽其所能地开发和发挥大脑潜能，从而获得更丰盈、更有意义的人生。他在 20 世纪 60 年代发明思维导图，随后英国广播公司（BBC）播出他的《启动大脑》系列科普片达 10 年之久，同名书籍《启动大脑》畅销达百万册。他的思想广为传播，帮助人们认识到大脑的非凡能力。但他并未因此而止步，而是一以贯之地研究阅读、记忆、创新等，为此撰写了很多本书，被翻译成 40 多种语言。

今天来看，东尼·博赞的影响力已经超越了他的作品并且成为一种世界文化现象。从刚刚成名开始，他就被邀请到全球各地演讲，被多家世界 500 强公司聘为顾问，为多个国家的政府部门提供教育政策方面的建议，为多所世界知名大学提供人才培养的方法。他的思想也快速地被大家接受，成为现代教育知识的一部分，这足以说明他的工作是多么重要。鼓舞并成就了数千万人的人生，足见他对这个世界的影响是多么深远。

东尼·博赞的毕生追求是释放每一个人的脑力潜能，发起一场展示每个人才华的革命性运动。如果每个人都能接触到正确的方法和工具，并学会如何高效地运用大脑，他们的才华便能得到最完美的展现。当然，他的洞见并非轻易而得，也不是人人都赞成他的观点。谁能够决定谁是聪明的，谁又是愚蠢的？对这些问题，我们都应该关心，这可是苏格拉底和尤维纳利斯都思考过的问题。

在正确认知的世界里，思维、智商、快速阅读、创造力和记忆力的改善应当受到热情的欢迎。然而，现实并不总是如此。实际上，东尼·博赞一直在坚持不懈地和大脑认知的敌人进行着荷马史诗般的战斗，其中包括那些不重视教育、把教育放在次要地位的政客，那些线性的、非黑即白的、僵化的教育观念和方法，那些不假思索或因政治缘故拒绝接受大脑认知思维的公司职员，还有那些企图绑架他的思想，把一些有害的、博人眼球的方法作为通往成功之捷径的对手。

2008 年，东尼·博赞被英国纹章院（British College of Heraldry）授予了个人盾形纹章。盾形纹章设立之初是为了用个人化的、极易辨认的视觉标志，来辨识中世纪战争中军队里的每一个成员，而东尼·博赞则是为了人类的大脑和对大脑的认知而战斗。

我想起我们第一次在大脑认知上的探讨，是关于天才本质的理解。我本以为东尼·博赞会拜倒在伟大人物的脚下，那些人仿佛天生就具备"神"的智慧及其所赋予的超人能力。事实并非如此。东尼·博赞的重点放在像你我一样的普通人的能力特质上，研究这样的人如何通过自我的努力来开启大脑认知的秘密，如何才能取得骄人的成就。东尼·博赞下决心证明，你无须来自权贵家庭或艺术世家，也能达到人类脑力成就的高峰。

爱因斯坦曾是专利局职员，早期并没有展示出超拔的数学天分；达·芬奇是公证员的儿子；巴赫贫困潦倒，他得走上几十公里去听布克斯特胡德的音乐会；莎士比亚曾因偷窃被拘禁；歌德是中产阶级出身的律师……这样的例子有很多很多。

但幸运的是，他们靠自己找到了脑力开发的金钥匙。而今天，值得庆幸的是，东尼·博赞先生帮众人找到了一套开发脑力的万能钥匙。

他可以像牛顿一样说自己是柏拉图的朋友、亚里士多德的朋友，最重要的是，是真理的朋友，是推动人类智慧向前跨越的关键人物。

社会从众性的力量是强大的，陈旧教条的影响无法根除，政府官员的阻挠、教授的质疑充分证明了这一点。然而正像著名的国际象棋大师、战略家艾伦·尼姆佐维奇（Aron Nimzowitsch）在其著作《我的体系》里所写的：

> 讥讽的作用很大，譬如它可以让年轻人才的境遇更艰难；但是，有一件事情是它办不到的，即永远地阻止强大的新知的入侵。

> 新的思想，也就是那些被认为是旁门左道、不能公之于众的东西，现今已经成了主流、正道。在这条道路上，大大小小的车辆都能自由行驶，并且绝对安全。

是时候阅读这套"思维导图经典书系"了，今天在自己的脑力开发上敢于抛弃陈规旧俗、接受东尼·博赞思想和方法的人，一定会悦纳"改变"的丰厚馈赠。

雷蒙德·基恩（Raymond Keene）

英国OBE勋章获得者

世界顶级国际象棋大师

世界记忆运动理事会全球主席

尊敬的中国读者：

你们好，很高兴受邀为东尼·博赞先生的"思维导图经典书系"的全新修订版作序。我与东尼相识几十年，很荣幸与他建立了非常深厚的友谊。他有着广泛的爱好，对音乐、赛艇、写作、天文学等都有涉猎，其睿智、风趣时常感染着我。我是他生前最后交谈的朋友，那次谈话是友好而真挚的，很感谢他给予我的宝贵建议，这是我余生都会珍念的记忆。

东尼出版过很多关于思维导图、快速阅读和记忆技巧的书，并被翻译成多种语言在世界各地传播。思维导图——东尼一生最伟大的发明，被誉为开启大脑智慧的"瑞士军刀"，已经被全世界数亿人应用在多种场景、语言和文化中。

我曾与东尼结伴，一起在中国、美国、新加坡等地推广思维导图，也曾目睹他的这一发明帮助波音公司某部门将工作效率提高 400%，节省了千万美元。这正是思维导图的威力和魅力。

东尼的名著之一是《启动大脑》。在我们无数次的交谈中，他时常提起此书是他对所有与记忆、智力和思维相关事物的灵感之源。东尼相信，如果掌握了大脑的工作模式和接收新信息的方式，我们会比那些以传统方式学习的人更具优势。

在该书的第 1 章，东尼阐释了大脑比多数人预期的更强大。我们拥有的脑细胞数量远远超出大家的想象，每个脑细胞都能与周边近 1 万个脑细胞相互交流。人类大脑几乎拥有无限能力，远比想象的更聪明。当东尼意识到自己的脑力并没发挥出预期的效果时，为了更好地学习，他希望发明一种记笔记的新方法——这就是思维导图的由来。东尼的发明对他自己的学习很有帮助，于是进一步开发来帮助他人。

在他的书系中，你将学到多种技能。它们不仅使学习变得更容易，还有助于你更好地应用思维导图，比如通过使用关键词来激发想象力和联想思考，增强创造力，等等。东尼曾告诉我，学龄前儿童的创造力通常可以达到 95%。当他们长大成人后，创造力会下降至大约 10%。这是个坏消息，但幸运的是，东尼在书系中介绍的技能，是可以帮助我们保持持久旺盛的创造力的。这些书揭示出创造力、记忆力、想象力和发散性思维的秘密。读完这些书你会发现，这些看似很简单的技能，太多人还不知道。

东尼发明了"世界上最重要的图表"，并将它写在《记忆导图》(*The Most Important Graph in the World*)一书中。书中不但论证了思维导图的重要性，还为我们的生活提供了宝贵的经验。我从中学到很多技巧，其中最重要的是，如何确保我所传达的信息被别人轻易记住——直到读了《记忆导图》，我才意识到它是如此简单。东尼在书中提到的七种效应，从根本上改变了我与人沟通的方式，让我的交流更富有情感，演讲更令人难忘。这本书是我最喜欢的东尼的名著之一。

东尼还非常擅长记忆技巧。他在研究思维导图时，发现记忆技巧非常有用。这些技巧在日常生活中的重要性不言自明，比如，我不善于记别人的名字和面孔，当不得不请人重复时，我真的很尴尬，俨然常常为遗忘找借口的"专家"。东尼为此亲自训练了我的记忆技巧，让我很快明白记忆技巧与智力或脑力的关系不大，许多记忆技巧是简单的，可以很轻松地学习和应用。

不久前我教一个学生记忆技巧。她说她记忆力特别差。我记得东尼告诉我，没有人天生记忆力不好，只是不知道提高记忆力的技巧。我让她在 3 分钟内，从我提供的单词表中记住尽可能多的单词。她只能记住 3 个单词。我告诉她，在运用了我教给她的技巧后，她可以按顺序记住全部 30 个单词，倒序也不会出错。她笑着说这是不可能的。

利用东尼书中所教授的技巧，她在经过大约 3 小时的训练后，成功做到了正序、倒序记忆全部 30 个单词。她非常高兴，因为一直以来，她都认为自己的大脑无法达到如此之高的记忆水平。真实的教学案例足以证明，东尼的记忆书是可以让每个人受益的，无论青少年还是成年人。

我读过东尼这一书系中的每一本书，强烈推荐给所有希望拓展自己脑力的朋友。

你们需要做的，就是将书中所包含的各种重要技能全部掌握。

马列克·卡斯帕斯基（Marek Kasperski）

东尼博赞®授权主认证讲师（Master TBLI）

世界思维导图锦标赛全球总裁判长

"地球为人类提供了一个终极智能测试。人类生活的环境每一秒都会对人类产生错综复杂的多重挑战。一个人所具备的对抗这些挑战的能力，最终决定着他智能级别的高低与生存概率的大小。"

东尼·博赞

认知多元智能的测试：
你离天才还有多远

本部分伊始，我们介绍了一个全面的天才商数的自我测验。首先，请你浏览天才的 20 个特质，并且据此为自己诚实地打分。然后，我们带领你了解标准智商，包括语言、数学运算、逻辑和工程、空间智力，并附有练习。这一部分还有对其他 6 种重要智力的调查和解释。

对每一领域的智力，我们都会为你提供打分、评分的标准，以及提高和发展的建议。所有智力结合起来，能给你一个全面的多元智力。

第 1 章

多元智能（MIQ）

智力是什么？智能是什么？什么是多元智能？看完本章，你会对它们有更深的了解。在本章中，我们定义了10种主要的智力，包括组成了传统智商测试基础的文字智力和数字智力。

我们人类在智力认知方面的发展是很了不起的。早期对智力究竟为何物的研究，几乎是没有结果的，然而研究者的努力在很大程度上带来了更深邃、有用的研究视角。

用"科学的"方法来进行智力测试的实验始于20世纪初。哲学家们总是对大脑的认知能力感兴趣，尤其对思维能力及感知万物的能力有着强烈兴趣。他们与早期研究智力生理基础的心理学家竞争。这些生理基础包括了可能存在于整个神经系统的脉冲的相对速度等。它们能够反映智力间的基本差异。

早期的实验包括测试"膝跳反应"，结果证明反应速度与智力不存在相互关系。随后一个最显著的研究方法，是测量极聪明和极迟钝的人的大脑体积，并发现了一些很细微的区别，但这些区别太细微了，因此无关紧要。

接下来，智商测试出现了。它是由法国人阿尔法德·比奈发明的。他在20多岁时开始对生理学、心理学以及催眠理论的最新发现产生了兴趣，为此放弃了成功从事的法律事业。

人们通常认为智力测试是为了控制、镇压、处置民众以及保留统治阶级的权力而设计出来的，但其实相反的往往才是正确的，这一现象在伟大理论的发展史上很常见。

比奈深受约翰·斯图亚特·穆勒观点的影响。在那时，穆勒提出了一个心理学理论，认为我们很多更为复杂的心理行为是由一个又一个简单的行为组成的。比奈也对心智能力及智障产生了兴趣。他开始设计只以孩子的智力才能为基础的测试，特别是测试判断能力、综合能力以及推理能力。他构想了一系列的问题，无论是否接受过早期特殊学校教育的人都可以理解并解答。他问了成千上万个孩子成百上千的问题，并记录下那些回答正确、可以预见学业上会有不错表现的问题；同时，记录下那些回答错误、可以预见学业上会出现困难的问题。然后比奈计算了

4岁、5岁、6岁孩子的平均得分,然后赋予他们100分的智商测试得分——标准智商测试得分。每个得分低于平均分的孩子的智商低于100,而每个得分高于平均分的孩子的智商高于100。孩子们的实际得分可用于推断他的心理年龄。例如,一个6岁的孩子得分是一个8岁孩子的水平,那这个6岁孩子的心理年龄便是8岁。智商是根据心理年龄和生理年龄的比率来计算的,在这个例子中,8/6=1.33,然后比奈将得分乘以100,得出智商就是133。

有多少测试结果显示智商在平均水平之上,又有多少在平均水平之下?智力的分配是一个公正的、平滑的钟形曲线(见图1-1)。50%的人处于平均范围之内,30%的人低于和高于平均范围,14%的人在过低和过高的范围内,3%的人在极低或天才的范围内。

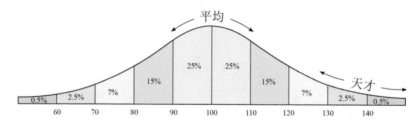

图1-1 智商得分通常的分配情况
(50%的人在平均范围内,只有3%的人在极低或天才的范围内)

尽管这些测试起初被人们认为可以给出一个绝对的、一生不变的得分,但是很多人质疑智商测试是否就是对人类智商的综合测试。首先,人们发现几乎所有的心智能力之间是明确相关的,即当人们擅长一件事时,也很有可能擅长另一件事。比如,一个人有很大的词汇量,那么很有可能他也擅长数学并有更好的记忆力。同样,一个记忆力好的人也可能有很大的词汇量并擅长数学。这说明对某一个领域的训练可能对其他领域的表现有影响,因而改变了"稳定不变"的智商。

人们注意到,一些孩子的智商在他们成长过程中也可能出现戏剧性的增长，而其他人则趋向于保持不变。对孩子智力发展产生影响的主要因素是某些形式的训练，除此之外，还没有找到其他解释。有 1/3 或更多的观察显示了令人费解的现象：那些所谓的有着天才智商的人或多或少在个人、学术、职业生活中遭遇过失败，这说明存在某种状态的失衡。

这引发了 20 世纪 70 年代对智力到底是什么、意味着什么的思想革命。这场革命是由霍华德·加德纳教授、罗伯特·奥恩斯坦教授和东尼·博赞发起的。加德纳教授整合了众人的观点，提出智力分为很多不同的类型，而且它不是全部内含在头脑中，真正的智力还包括所有在脑中存储的信息与外部环境机制的相互作用。

越深入地调查这些多元智力，就会发现越多的不同智力项目。在本书的第一部分，我们定义了以下 10 种主要的智力，包括组成了传统智商测试基础的文字智力和数字智力。

1. 天才商数
2. 语言智力
3. 数学/逻辑智力
4. 空间智力
5. 感官智力
6. 动觉智力
7. 创造力
8. 自省智力
9. 人际交往智力
10. 精神智力

接下来的内容将解释每一个多元智能，并且附有自测题。每一个测试共有 10 道题，可使你检测这些单项智力的现有水平以及多元智能。

你已经完成了第一个测试来得出自己的天才商数。接下来的两个测试将衡量你的传统智商，以及剩下的七个多元智能。每个测试以及整合的多元智能都有评分标准与分析说明。

大多数问题要求你进行自我评价。应确保自己尽可能诚实地回答问题。你需要知道你的真实情况以确定起始水平，然后可以开始进行真正让你获益的智力发展项目。就像自然生物一样，人所有的智力也可以进行人为的培育并发展，而且当你学习新的事物时，大脑容量会增长。换言之，你学得越多，知识面拓宽得越广，你的学习能力就越强，并且会因为感受到了激励而变得更想学习。

你的传统智商

传统智商涵盖具体的语言文字和数学运算能力，通常情况下是把两者结合起来考察你的"官方智商"。在多元智能测试 2、测试 3 中，两个领域的能力被分开了，这样便于区分你的语言文字智商和数学运算智商。

第 2 章

多元智能测试 1：评估你
的天才商数（GQ）

本章介绍了天才必备的20个特质。在了解这些内容之后，我们可以根据表2-1进行自我评定。对于评定后的分数，根据相应的分析，你可以查看自己的天才商数。

在对"名人堂"中的100位天才及许多在此未能一一列举的杰出人物进行研究时，我们发现了天才必备的20个特质。无论这些天才来自哪个专业领域——艺术、科学、宗教、商业、体育还是戏剧等，也无论他们来自世界何地，我们发现的20个特质始终在他们身上反复体现。正是这20个特质构成了天才的领袖特征。

天才必备的20个特质

1. 人生预见	8. 专业知识	15. 智库（内心）
2. 充满渴望	9. 大脑知识	16. 品性诚实
3. 信念坚定	10. 想象力强	17. 正视恐惧
4. 勇于承诺	11. 态度积极	18. 灵活创新
5. 周密规划	12. 自我暗示	19. 敬业
6. 坚持不懈	13. 直觉敏锐	20. 精力充沛
7. 以错为鉴	14. 智库（现实）	（体能 / 情感 / 两性）

为了测出你的天才商数（GQ），你需要诚实地依照上述天才特质来评定自己。在进行本章测试与书中其他测试的过程中，你也要尽可能地对自己坦诚。因为只有在真实地评定自身的天才商数后，你的基准才能确立，你的天才潜能才有可能得到激发（你会发现品性诚实是众多天才身上极为重要的特质之一，因此请你对自己诚实）。

为了更好地将你与伟大的天才相互对照，请你在每个天才特质旁为自己打一个百分制分数（0分为完全不拥有此特质，100分为完全具备此特质）。以第一个特质"人生预见"为例，如果你认为自己没有生活的理想，没有什么目标，那么就请为自己打上0分。相反，如果你认为自己有清晰的生活规划，并能确定人生的目标，那么请为自己打上100分。

在通读完下列对天才的 20 个特质的定义后，请你思考自己是如何运用这些特质的。在你对自身的评价过程中，请确保自己对各项品质进行了充分考虑，且对你自身的评价是基于你的现今状况与伟大天才的对比，而非以个人的梦想与期许为参照对象。在阅读完每个特质的定义后，将你对自身这一特质的个人评分填入表 2–1 内，然后再阅读下一个特质的定义。依次类推，根据每一个天才特质为自己打分。

1 人生预见

每个人在追求人生目标的过程中，各个阶段基本上是一样的。这些阶段能被预设、被准确地制定、被清晰地表述，同时能被他人充分理解，是个人（团队）的"标杆"。拳王阿里就是对此定义的著名诠释。阿里对胜利有全面完整的预设。在比赛开始的八个月前，他就能详细地描述出他即将经历的大部分赛事和他即将取得的成功。他的预设不仅非常准确，而且预言的内容也非常详细，足以令对手牢记在心：在得知阿里对成功的预言后，他的对手往往也会给予万分的配合——在与阿里的对战中倒下。

2 充满渴望

一个人在实现理想、完成任务的过程中，抱有激情与期望是十分重要的。天才们往往形容他们的渴望如烈火般燃烧，或体验到一种不可抵挡的饥饿感。法拉第曾是一名不起眼的装订工人，但他身上那股想要探究电能世界的渴望，让他选择转业成为科学家实验室的试管清洁工，这样他便能从科学家身上一点一滴地学习到他想获得的知识。与此相似的还有一个例子，米开朗基罗渴望用最适合的大理石创造出一尊雕塑杰作，为此他通过专门研究工程学内容来学习如何开采出他心目中理想的石材。在等待了多年后，他终于如愿以偿。

3　信念坚定

在我们研究过的所有天才身上，共同拥有一种对自身、对智库的坚定信念，因而他们获得了实现理想的体力与能量。当外界无法理解天才的人生理想时，他们充分坚定的信念就显得尤为重要。正如爱尔兰著名诗人、讽刺作家乔纳森·斯威夫特在《杂思集》（1711）中所写的："要想知道世上是否出现了一位真正的天才，那就看愚蠢的人们是否结成了联盟来共同反对他。"

4　勇于承诺

这一特质是由上述的渴望与对实现理想的坚定信念结合而成的。承诺尤其能体现对人生预见、充满渴望和坚定信念的认同。很多天才和世界冠军常常对外公开自己的承诺，有些人将承诺写下来充当自我激励的方式，也有些人高举同一承诺的旗帜从而召集志同道合的人士，更有甚者对以上三种方式均有尝试。

获得世界国际象棋冠军称号的卡斯帕罗夫是一位天才。他是世人所知的、曾许诺要成为国际象棋冠军的人物之一，他的名字也因此常常出现在被引证的案例中。苏联国际象棋大师阿纳托利·卡尔波夫曾被公认为是卡斯帕罗夫的主要对手，但当卡斯帕罗夫击败卡尔波夫蝉联国际象棋冠军时，却被非法剥夺头衔，需要再战第二轮才能成为真正的冠军。随后，他又不得不重新出战世界国际象棋联盟，因为此组织也试图否认他世界冠军的头衔。当卡斯帕罗夫接受来自众多对手与世界国际象棋联盟的挑战时，他许下成为世界冠军的承诺，并同时发起了一个新的国际象棋组织——职业国际象棋协会。卡斯帕罗夫许下的承诺给予了他实现目标的力量，最终赢得了所有的赛事，并且一直保持着"最伟大的国际象棋选手"的称号。

下面是一位天才的建议：

人一旦许下诺言，所有踌躇与逃避都会失效。在所有因首创精神（创新）的萌发而发起的行动中，都隐含着一个最基本的真理。如果忽视它的存在，数不胜数的优秀想法与杰出计划都会被抹杀。这个真理就是：在一个人清晰地对自己许下诺言的一刻，所有能助人成功的事物也就全部出现了。因此，无论你的能力如何，也无论你的梦想为何，请在此刻对自己许下诺言。

5　周密规划

对未来的规划首先需要清晰地认识人生的定义与重心，并拥有实现规划（合并多个规划中的信息来适应不同的个人与团体）的短期、中期、长期计划。

秦始皇是有关规划的一个典范。

秦始皇不仅从整体观念与具体细节两方面对中国（最伟大、最古老的文明古国）的重新构建进行了规划，还修筑了长城——这一工程无论从宏观还是微观层面都堪称杰作。秦始皇的规划甚至在他死后都在继续实行，他建造了一个极具细节和规模庞大的大一统帝国，并在皇陵中复制了一支 6 000 人的陶俑军阵来保护已辞世的他。据说每一个陶俑的脸都是根据秦帝国士兵的模样塑造的。

6　坚持不懈

人们在面对逆境时可能会选择放弃，但大多数了不起的天才或是优胜者能在逆境中继续追寻自己的目标。著名国际跳棋冠军、主宰棋坛 50 年的美国人马里恩·汀斯利博士在 65 岁时，身体依然非常健朗。他对坚毅一词做出了绝妙的诠释。为了对抗没有血肉、冷酷无情的奇努克计算机（世界官方排名第二的选手，拥有 270 亿个棋局的数据库），马里恩博士平均每星期五天，每天八个小时和它奋战，足足花了两个星期，终于在决赛中将它击败。他兴奋地跃身而起并向世人宣布："这是人类的胜利！"

有关"坚持不懈"一词，人们最熟知的例子莫过于托马斯·爱迪生了。他曾经坚持不懈地尝试了 5 000 多种方法来将电能转化为光能，这样的举动使人们认为他是个疯子。然而，面对世人的嘲讽，爱迪生始终坚信自己是最接近真理的那个人，因为只有他知道导致实验失败的原因是多种多样的。

7　以错为鉴

天才总有一种惊人的才能，那就是无论多么令人不快，他们总能将每一个错误视为一种经验，而每一种经验都可能成为推动下一步行动成功的垫脚石。正如爱尔兰小说家詹姆斯·乔伊斯（1882—1941）在《尤利西斯》中所写的那样："天才是不会犯错的。他的'错误'是以意志为转移的，是开启探索之门的钥匙。"

阿尔贝蒂、达·芬奇、米开朗基罗、提香、伦勃朗、塞尚、毕加索和达利都是经过无数次失败后取得成功的。如果发明家莱特兄弟没有吸取自身的经验教训，那我们现在将生活在一个什么样的世界啊！

8 专业知识

天才、奥运会选手和冠军头衔获得者往往对某一领域的专业知识（常常还有许多其他领域）具有强烈的求知欲和全面的领悟力。随便想一下，亚里士多德、阿奎那、达·芬奇、哥白尼、莎士比亚、牛顿、歌德、达尔文和爱因斯坦这些人，我们就能确信：如果一个人渴望成为天才，那他必须在想要从事的领域中，获取一个数据庞大而基础的知识库，一个会让奇思妙想涌现的知识库。

9 大脑知识

一般的读写能力，是指对文字以及如何将其扩展成词、句子、段落、书本的理解和掌握。运算能力（数学基础知识）是指对数字符号系统的掌握及将它们互相结合、联结起来的能力。大脑知识在认知能力中起着最重要的作用。首先，它涉及对身体构造的基本原理及大脑特性的认识，其中包括对大脑主要和次要部分如大脑皮层、脑细胞的认识。其次，它涉及大脑行为技能系统，尤其是对记忆力、创造力、学习及综合思维技能的认识。尽管有关大脑物理官能的知识突然激增，并因此产生了大脑知识这一相对新颖的概念，天才们却始终坚持认为：无论是哪个器官，只要能促使人思考，那它就是主要器官，其官能应该得到锻炼并加强。这就说明了为什么那么多天才成为优秀的老师，也同时说明了在这些天才中的大多数人，特别是荷马、亚历山大大帝、达·芬奇、老皮特、托马斯·杰斐逊、莫扎特、拿破仑、斯特拉文斯基和盖茨以拥有超强记忆力而闻名。

事实上，多米尼克·奥布莱恩——八届世界记忆锦标赛总冠军、吉尼斯世界记忆纪录保持者，每天至少花 4 小时全面训练自己的脑力和身体技能。早上散步、晨跑时，他在脑中构思并记住多种前行轨迹、路径和街道，在这个过程中将思维的各个方面与感知直接相联。

10 想象力强

想象力是一种在脑中创造内在影像、"看见"思维、预测计划和目标结果的能力。本书中提到的所有具有远见卓识的人，都是用他们非凡的想象力创造出强有力的内在幻想，像米开朗基罗那样，用自己的一生去领悟幻想的真谛，直到最后让幻想变为真实存在。因此，我们可以说，想象力使生活更加真实。

11 态度积极

现实而积极的态度是热烈的、乐观向上的、肯苦干的，并在任何情况下都敢于抓住每一次机会以获得最佳结果。它遵循"机会最大化"原则，对事情做出准确评估，而不是脱离实际、一厢情愿地空想。积极的态度在伟大的历史人物身上随处可见，在诸如亚历山大大帝、苏莱曼一世、威灵顿公爵和拳王阿里这些身陷战局之人的身上体现得尤为明显。在体坛中，具有积极态度的名人也比比皆是，如千代之富士贡（相扑选手）、戴利·汤普森（十项全能选手）、史蒂夫·奥韦特和萨莉·甘内尔（都是田径运动员）、马克·斯皮兹（游泳运动员）和玛丽·卢·雷顿（体操运动员）之类的世界冠军。

在 1993 年英国高尔夫公开赛，格雷格·诺曼在最后回合中对抗尼克·法尔多的出色表现是极具说服力的例子。据《星期日泰晤士报》报道："不论发生什么，诺曼都能将不利局面扳回。高尔夫运动对他而言，就好像是一场拼图游戏，而获取压倒性的胜利就是这场游戏中必不可少的环节。诺曼说：'问题的关键是我必须相信自己。不论别人扔给我什么样的挑战，我都能迅速复原，展开反击。'"

12　自我暗示

自我暗示的活跃程度和积极程度直接关系到目标的实现。心理研究表明：我们都会自我暗示，但其中 90% 的自我暗示是消极的，如"我太累了""我根本做不了那件事""我很笨"。然而，天才的自我暗示中至少有 90% 是积极的，他们甚至会大声地说出对自己的暗示。狄更斯常常和他创作的小说人物对话；爱因斯坦常常在实验室里来回踱步，大笑着与他研究的公式和宇宙对话。只要留神观察那些杰出的运动员，你会真切地发现他们通过积极活跃的自我指导来表达积极的态度、远见和承诺，也正因为这样，他们成了自身最好的导师。

13 直觉敏锐

直觉是指在任何情况下都可以准确意识或感受到实现目标的可能性及概率的能力。直觉或许会被定义成一种超逻辑，在这种超逻辑作用下，人脑会把经过沉淀而积累下来的旧经验与新获得的经验进行比较。直觉造就了那灵光一现（阿基米德的"我找到了"），造就了那一代军事奇才（纳尔逊），造就了那突然坚信某事将会成功的强烈信念（华特·迪士尼与他的梦幻世界）。我们处于直觉中所体会到的感觉，其实是身体对大脑预测做出的反应。在多数情况下，直觉是正确的，而且是一项能够学习和培养的技能。天才们对直觉的信任度远远超过同时代的其他人。

14 智库（现实）

智库是指智囊团，他们帮助个人（天才）实现梦想和目标。等级的划分应该建立在这一团体杰出特质的基础上。显然，天才并不是孤立的个体，从他们很小的时候开始，当代最优秀的人才便围绕左右并伴其一生。柏拉图有苏格拉底这位良师；亚历山大大帝以亚里士多德为指引。这种相互间的关系也存在于当代：克里克和沃森互为智囊；比尔·盖茨身边不仅从来不乏杰出人才，后来他还广纳贤才。如果评估你在这一特质上的得分，你只需将你身边最亲近的10位"智库"人物（包括朋友、同事和家人）纳入考量。

15 智库（内心）

通过研究，我们发现天才们心中无一例外地都有榜样或偶像。他们的榜样和偶像或是历史人物，或是当代一些并非人尽皆知的人，又或是神话人物。本书提到的天才中到底有多少人互相视对方为榜样和偶像，这一点是很值我们关注的。事实上，他们中的某些人或许已经成为或即将成为你个人偶像中的一员。

如果你把自己列入这一群体，那么你的这一归类应该不仅仅反映出这个群体的长处，更应该反映出你看待个体的透彻度，你对他们的了解程度以及你寻求他们意见的频繁程度。

16 品性诚实

天才往往会真实地面对自己、面对朋友、面对真理。对他们而言，真理既是一盏指路明灯，又是一种慰藉，因而他们时常参照真理来行事。米尔顿告诉我们："愉快地学习，并在安静而寂寥的氛围中，仰望真理那明亮的面容。"莎士比亚说过："时间的威力在于息止帝王的争战，让真相大白于天下，把谎言和妄语揭穿。"如果你想让自己归入具有天才特质之人的行列，请将"诚实"二字谨记于心！

17 正视恐惧

人们通常认为，比起身边的人，天才们的恐惧更少。可事实恰恰相反。昔日天才们的目标是如此远大，对达成目标的决心是如此坚定，因而比起那些缺少生活动力的人来说，他们对失去目标或陷入难以达成目标的境地所产生的恐惧也是相对巨大的。这些天才的优势在于他们敢于面对恐惧，接纳并恰当地处理它们，勇敢地应对逆境。心理学家弗兰克·赫伯特在《沙丘》小说的"因忘却而忘却"的祷文中，就言简意赅地总结了应对和克服巨大恐惧的正确态度。他的小说涉及如何变成天才的言论："恐惧会导致满盘皆输的短暂死亡。我会面对自己的恐惧，容许它降临、依附在我身上。恐惧过后，我会用心看清它经过的路径。恐惧经过的地方不会留下任何东西。唯一留下的只有我自己。"

18　灵活创新

天才的这一特性指的是个人的能力水平，即产生新想法并从不同角度看待事物的能力，以独特方式解决问题的能力，在通感作用下（联合官能）调动多种大脑皮层技能来思考问题的能力，以及保持一个开阔敏捷、乐于求知探索的头脑的能力。读了本书中有关天才的故事后，你会发现，大部分卓越的军事胜利并不是赢在军事力量的强度或规模上，而是赢在那些军事家的创造力和灵活性上。同样地，所有杰出的科学灵感和艺术灵感均来源于这一技能。

19　敬业

这一天才特质表现为一种狂热。它不仅体现在特定见解上，还体现在对这一领域更广泛的理解和运用方面。研究显示，历史上所有了不起的天才人物都是因为这种狂热而变得博学（拥有广阔多样的知识），当他们积极充当杰出老师这一角色时，一股抑制不住的灵感之源就会倾泻而出。例如，苏格拉底、欧几里得、苏莱曼一世、巴赫、法拉第、玛利亚·蒙台梭利和玛莎·葛莱姆都明确强调，教育他人是天才们确确实实能做的事，"对，去从事教育！"如果你想把自己归入这一类，如果你愿意将自己的专长传授给他人，那就得克服所有障碍。

20 精力充沛（体能/情感/两性）

众所周知，天才所表露出的在体能、情感和两性方面的活力无一例外地达到了超常的程度。天才的另外19个特性皆附属于这一特性，因而我们认为这种优势的表露是正常的、可预料的。巴甫洛夫用他充沛的精力改变了英国伟大心理学家罗伯特·托勒斯的生活，这个奇妙的例子就与活力有关。当然，人们也不该对爱因斯坦对异性的热情感到惊讶！

计算你的天才商数（GQ）

按照以下20个天才特质为自己打分并填入表2-1中。在几个月或者在特定的领域取得进步之后，再为自己做个评价，并将此表作为进步的记录。在评价自己时尽可能做到诚实，如果你纠结于选项，也许征求朋友的意见是个不错的选择。当你将所有的天才特质得分相加后，可在后续的"得分分析"中对应查看你的天才商数。

表 2-1 你是不是天才？

GQ检查次数		你的得分记录：0=不存在，100=完美									
日期											
		第1次	第2次	第3次	第4次	第5次	第6次	第7次	第8次	第9次	第10次
1	人生预见	0									
2	充满渴望	0									
3	信念坚定	0									
4	勇于承诺	0									
5	周密规划	0									
6	坚持不懈	50									
7	以错为鉴	0									
8	专业知识	0									
9	大脑知识	0									
10	想象力强	0									
11	态度积极	0									
12	自我暗示	0									
13	直觉敏锐	0									
14	智库（现实）	0									
15	智库（内心）	0									
16	品性诚实	0									
17	正视恐惧	0									
18	灵活创新	0									
19	敬业	0									
20	精力充沛（体能/情感/两性）	0									
	总分	50									

得分分析

当研究天才以及汇编天才特质时，我们发现以下三个有趣的现象。

第一，天才特质好像不仅仅是个人素质。它们非常像一个化学、数学或物理学公式，并要求所有元素都恰到好处地达到平衡状态。

第二，这一平衡是非常微妙、自然的。我们可以把天才的特质比喻为"20足虫"。对一只蜈蚣而言，若它的100只脚中失去一只，相对而言是不重要的，它能轻易解决这个问题。但相对"20足虫"而言，只要少一只脚（即缺失一个特质），就会给整个身体及其他功能带来毁灭性影响。这就好比对一个双足动物来说，少一条腿会带来巨大的影响。重要的是，在你发展自身天才特质的同时，不要忘记它们都是从基础开始一起发展的。

第三，这20个用来描述天才特质的条目是经过深思熟虑归纳而成的，从某种意义上来讲，是对"天才"这一概念的高度升华。虽然还有很多词或表述可以用来描写人类的才华，但你会发现那些词是这20个特质的同义词，或隶属于这20个特质。例如，"革新"和"激增"是特征"灵活创新"和"精力充沛"的下属词。在接下来的阅读过程中，你可以尝试在大脑中理清这些特征。

下面的评分标准与说明可以帮助你建立个人目标，也会为继续发展你的天才特质、冠军潜力以及领导能力提供指导。

1 900~2 000分（95%~100%）

个人天才商数测试的得分落在这个区间的，说明你在本测试中甚至在奥林匹克竞赛测试中都已位于天才的行列，你可以在任何领域成功地扮演天生领袖这一角色。

1 800～1 900分（90%～95%）

这个得分说明你离天才不远了。只要针对一个领域或相对薄弱的领域投入额外的努力和训练，你就可以迅速到达天才水平。

1 600～1 800分（80%～90%）

一个罕见的高分。拥有这样的高分，你通常离天才的目标不远，因为你在一些领域的努力已经达到天才的水平。发现你的弱点，立刻着手开展持续性的个人发展训练。

1 400～1 600分（70%～80%）

你处于中上水平。好好研究你的测试结果，并深入研究你的优势和弱点。利用优势帮助你改进弱点。

1 000～1 400分（50%～70%）

你在平均范围之内。这说明你的天才特征只有部分得到了发展，你还有很长的路要走。你需要做一些大脑的训练，如看更多的书、学习一门语言或从事一项新的体育活动。

低于1 000分（低于50%）

假如你没有低估自己，那就表示你大脑的有益能力开发少于1%，立刻让你的大脑进入工作状态，想想你对人生的态度及你想要达成的目标，然后为之努力。

第 3 章

多元智能测试 2：语言智力

本章提供了关于文字或语言智力的传统IQ测试，你有15分钟时间来完成语言智力测试的10道题，然后你可以核对答案并查看得分分析。

文字或语言智力[①]是传统 IQ 测试的主要项目。词汇认知（了解词的释义、相关的知识以及词与词之间的多重关系）是与学术和职业成功密切相关的单项智力。

你有最多 15 分钟时间来完成语言智力测试的 10 道题。在时限内，可以随时检查任何题目。如果你在规定的 15 分钟之内完成了，建议你再检查一下答案。当所给时间用完时，对照你的答案（详见附录 A），在得分表内填入分数，将总分相加，然后阅读得分分析。

1. QUAD 与 OCT，相当于，TRI 与_____。

2. 下列哪一个与别的词不同类？

Sempre Allegro Forte Spumante Vivace Mosso Molto

3. 将下列字母重新排列，组成新的单词。

A）RETOCX_____

B）RABIN_____

C）HINTK_____

D）ERATCEIV_____

4. 填出空缺处的单词：

INFANT 与 INFANCY，相当于，ADULT 与_____。

5. 下列哪一个与其他不同类？

A）NOLI

B）TERIG

C）GROMNLE

D）NELFEI

E）ACT

---

① 该项测试设定受试者的母语为英语，全书均为英语。——译者注

6. 填出空缺处的字母：

7. Fourteen:One，相当于，Stone:＿＿＿＿＿＿。

8. Guitar:Cello，相当于，Segovia:＿＿＿＿＿＿。

9. Land:Sea，相当于，＿＿＿＿＿＿：Strait。

10. 在括号内填入与括号外词义相同的单词。

　　STICK（　　　　）WAGER

得分表									
1	2	3	4	5	6	7	8	9	10
总分									

得分分析

850～1 000分

很明显，你具有很高的语言文字能力。或许你可以考虑加入门萨高智商俱乐部。

750～850分

你属于普遍的高智商人群，或许你能够在多种语言文字领域有所成就。努力向天才等级奋斗吧！

650～750分

你的分数高于平均值。你可以训练在词汇以及语言技巧方面的能力，同时提升自己的阅读量、阅读理解能力以及阅读速度。

500~650分

你的能力属于平均水平。不要沮丧，请遵循上述各分数等级的建议，你将会有所进步。

0~500分

其实，你能阅读本测试题及分数评估就证明了你有获得更高分数的潜能。加强练习！可以尝试增加阅读量，并通过查字典来弄明白在阅读的过程中所遇到的生词。

语言智力测评量表

语言智力指的是人们对语言的掌握和灵活运用的能力，表现为个人能顺利而有效地利用语言描述事件、表达思想并与他人交流。诗人拥有真正的语言智力，演说家、律师等都是语言智力高的人。你知道你的语言智能指数有多高？下面让我们来测一测吧。这些问题并无优劣之分，请按照你平时所想的如实回答，在每一个问题后对应的选项上打钩。

（1）我喜欢看书。

　　　　A 不同意□；B 少许同意□；C 颇为同意□；D 同意□

（2）我很容易明白别人的指示、谈话内容及言外之意。

　　　　A 不同意□；B 少许同意□；C 颇为同意□；D 同意□

（3）我从收音音频中比视频可获取更多的资讯。

　　　　A 不同意□；B 少许同意□；C 颇为同意□；D 同意□

（4）我喜欢文字游戏，如填字游戏、猜谜语、快速拼字等。

　　　　　　　　A 不同意□；B 少许同意□；C 颇为同意□；D 同意□

（5）我喜欢用"绕口令""栋笃笑"娱乐自己，又娱乐别人。

　　　　　　　　A 不同意□；B 少许同意□；C 颇为同意□；D 同意□

（6）文字对我来说比数学容易。

　　　　　　　　A 不同意□；B 少许同意□；C 颇为同意□；D 同意□

（7）我在谈话时常引用看来或听来的资讯。

　　　　　　　　A 不同意□；B 少许同意□；C 颇为同意□；D 同意□

（8）我与人交流时会细心聆听并善用言语。

　　　　　　　　A 不同意□；B 少许同意□；C 颇为同意□；D 同意□

（9）我善于记人名、地点、日期或琐事细节。

　　　　　　　　A 不同意□；B 少许同意□；C 颇为同意□；D 同意□

（10）我能演讲。

　　　　　　　　A 不同意□；B 少许同意□；C 颇为同意□；D 同意□

（11）我会朗读课文和讲故事。

　　　　　　　　A 不同意□；B 少许同意□；C 颇为同意□；D 同意□

（12）我能用说话表达想法、情绪和需求。

　　　　　　　　A 不同意□；B 少许同意□；C 颇为同意□；D 同意□

（13）我能运用所掌握的字、词和句式写作。

　　　　　　　　A 不同意□；B 少许同意□；C 颇为同意□；D 同意□

（14）我喜欢讨论、辩论等应用语言文字的活动。

　　　　　　　　A 不同意□；B 少许同意□；C 颇为同意□；D 同意□

（15）我善于讲故事、笑话或编写难以置信的故事。

　　　　　　　　A 不同意□；B 少许同意□；C 颇为同意□；D 同意□

【开发计分方法与运算逻辑】

一、计分方法：对以上各题，答"A"记0分，"B"记2分，"C"记4分，"D"记6分；

二、统计方法：将以上各题得分相加求和，即得出语言智能指数；

三、结果反馈：

（1）水平4：69～90分

能运用字、词和句式写作；较易明白别人的指示、谈话内容及言外之意；与人交流时，能用心聆听，善用言语；亦善记人名、地点、日期或琐事细节。

（2）水平3：46～68分

较易明白别人的指示、谈话内容及言外之意；亦较能用言语表达想法、情绪和需求；与人交流时，能用心聆听，善用言语；而且善记人名、地点、日期或琐事细节。

（3）水平2：23～45分

偶尔用丰富词汇编写故事，不大善用言语表达想法、情绪和需求；在谈话中有时会引用看来或听来的资讯；偶尔能记忆人名、地点、日期或琐事细节；不大喜爱讨论、辩论等应用语言文字的活动。

（4）水平1：0～22分

不喜爱讨论、辩论等应用语言文字的活动；不喜欢文字游戏，如填字游戏、猜谜语、快速拼字等；很少或不喜欢用"绕口令""栋笃笑"娱乐自己及别人；不善于讲故事和笑话或编写难以置信的故事；也不善记人名、地点、日期或琐事细节。

第 4 章

多元智能测试 3：数学 / 逻辑智力

本章提供关于数学或逻辑智力的标准智商测试。你有15分钟时间来完成10道测试题。根据你的得分总和，你可以在测试后面找到切合你的得分分析。

标准智商测试中的第二个重要项目就是数学 / 逻辑能力测试，指的是运用和处理数字关系的能力。请在 15 分钟内完成下列有关数学 / 逻辑能力测试的题目。如果你在 15 分钟之内完成了，建议你再检查一下答案。当所给时间用完时，对照你的答案（附录 A），在得分表内填入分数，将总分相加，然后阅读得分分析。

1. 根据规律填写数字：

14, 17, 20, _____

2. 根据规律填写数字：

93, 85, 77, _____

3. 根据规律填写数字：

1	12	12
3	4	12
10	20	

4. 根据规律填写数字：_____

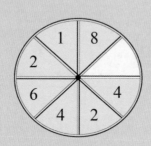

5. 根据规律填写数字：

I N T 5 L L I _____ 5 N T

6. 根据规律填写数字：

1, 4, 9, 61, 52, 63, 94, _____

7. 根据规律填写数字：_____

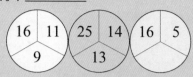

8. 根据规律填写数字：_____

9. 根据规律填写数字：_____

37	13	5	3

25	9	

10. 根据规律填写数字：

9, 11, 21, 23, 33, 35, _____

得分表									
1	2	3	4	5	6	7	8	9	10
总分									

得分分析

850~1 000分

数学高智商天才。（如果你问为什么此等级是 850 ~ 1 000 分，那么就把你的等级降到下一等！）

750~850分

你在数学 / 逻辑方面的能力表现优异。你可以从自我完善活动着手，促使自己向天才的等级迈进。

650~750分

你具有较高的数学智商，这表明你可能在学校的数学测试方面表现出色，或许喜欢某种数学游戏。在数学方面多多发挥你的能力，并努力将其提高。

500~650分

正常水平。你的正式训练并没有加强你在这方面的能力，不过你能够很容易地掌握基本的心智技能。

0~500分

如果你没有算错分数的话，那你就要努力了！这个等级的分数表明你在数学方面的训练是不完整的，因而你需要一个新的开始。

第 5 章

多元智能测试 4：空间智力

本章提供关于空间智力的多元智能测试。这是一次前所未有的测试，你可以在完成后找到适于你的得分分析。

具备此项能力的人能够解析三维空间内错综复杂的内在联系。本项能力的获得涉及诸如天文学家、水手或飞行员所应具备的整体空间感，更多地涉及诸如画家、建筑师、雕刻家、机械工程师或是外科医生所应具备的局部空间感。顺便提一下，虽然大家通常认为国际象棋是一种涉及数学/逻辑能力的游戏，但是从根本上来说，它其实是一种需要空间想象能力的游戏。本测试的评分标准是：如果题目的陈述与你自身的实际情况完全不符，那么就打 0 分；如果完全或者基本符合，那么就打 100 分。同时，你还可以在完成本测试后，与他人的测试结果进行比较，以使评分结果更加准确。请对照本书附录 A，核对问题 1 与问题 2 的答案。

1. 某人带来一张抽象画（如下所示），但是分不清正确的摆放位置。请你判断出图 1、图 2、图 3、图 4 中，哪一张与原图相符，同时判别出 a、b、c、d 四条边哪一条应该位于顶部。限时 5 分钟。

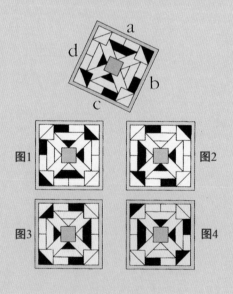

2. 你能在下图中找出几个三角形？限时 3 分钟。

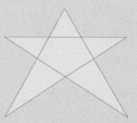

3. 我喜欢诸如跳棋、国际象棋或者围棋一类的游戏。 得分（ ）

4. 在我认识的人当中，我属于能够很好地接受、提出并且理解各种指令的人。 得分（ ）

5. 我喜欢并热衷于研究地图，同时我也能够通过阅读地图确定地理位置。

得分（ ）

6. 我会借助图形颜色以及图表来协助我更好地记笔记。

得分（ ）

7. 当他人的机械装置遇到问题的时候，总会向我寻求帮助。

得分（ ）

8. 我热爱几何学，并常常能够考得高分。 得分（ ）

9. 我对天文学很着迷，那些有关宇宙中物体的相对距离和相对位置，以及它们的形状和构造的问题很吸引我。 得分（ ）

10. 我现在或曾经想从事诸如工程师、建筑师、雕塑家之类的职业。

得分（ ）

得分表									
1	2	3	4	5	6	7	8	9	10
总分									

得分分析

950~1 000分

你就是一个天才。你的此项能力能够和达·芬奇媲美！

900~950分

你在空间构造能力方面具有很高的天分，你或许在这一领域已获得了一席之地。继续努力培养你的这项能力吧，你的内心世界会因此而得到扩展。

800~900分

你应该为自己能够取得这样优异的分数而感到骄傲。通过些许的锻炼，你在这方面的能力会得到更大的提高。

700~800分

高于标准水平。检查一下你的分数，同时（在三维立体方面）争取获得更多进步。

500~700分

标准水平。这一等级的分数表明了你在数学或自然科学方面没有遇到一位很好的老师。尝试在这一领域重新发展。

0~500分

如果你最近在穿过拥挤的街道却没有被车撞到的话，证明你的空间智力远高于此分数段所显示的能力水平。请对自己重新定位吧！

第 6 章

多元智能测试 5：感官智力

你如何运用自己的感官？你知道那些伟大的发明家都是感官的高度
支配者吗？想看看自己对感官的使用是否到位？完成感官智力测试
的10道题，你会从得分分析中得到结论。

我们发现大多数伟大的发明家和记忆研究人员都有高度发达的感官能力。除此之外，他们更倾向于融合以及关联自己的各项感官能力。本测试的评分标准是：如果题目的陈述与你自身的实际情况完全不符，那么就打 0 分；如果完全或者基本符合，那么就打 100 分。

1. 我热衷于跳舞。　　　　　　　　　　　　　　　得分（　　）
2. 我会选择用"裁缝高手"来形容自己，因为我是服饰设计方面的天才。我所设计的服饰色彩协调，具有视觉冲击力，并且得到周围人的好评。

　　　　　　　　　　　　　　　　　　　　　　　得分（　　）
3. 我能够快速并极其精确地回忆起视觉信息。　　　得分（　　）
4. 我对各种气味很敏感，同时嗅觉对我生活中主要的记忆起着很大的作用。　　　　　　　　　　　　　　　　　　　　得分（　　）
5. 我属于"因美食而生存"的人，但是我并不属于"为生存而进食"的人。　　　　　　　　　　　　　　　　　　　　　　得分（　　）
6. 我觉得我是极度感性的。　　　　　　　　　　　得分（　　）
7. 我喜爱和孩子们一起玩。　　　　　　　　　　　得分（　　）
8. 我热爱自然的各种形态，会经常与土地、河流、湖泊和海洋亲密接触，也十分享受各种天气状况。　　　　　　　　　　得分（　　）
9. 我能够自如地运用一种感官能力去表达另一种感官感受。　得分（　　）
10. 我认为男欢女爱是一种多方面、多感官的活动。　得分（　　）

得分表									
1	2	3	4	5	6	7	8	9	10
总分									

得分分析

950~1 000分

你具有顶尖的感官能力，并且充分利用了你的这一能力。愿你能够乐在其中！

900~950分

你的感官水平基本达到了天才水平。你所需要做的就是找到自己最不欣赏或者使用最少的感官能力，然后督促自己向更高水平努力。记住：在你付出努力的过程中，也要尽情享受。

800~900分

你能够很好地运用大多数的感官能力。想要得到更多的愉悦和满足，那就得靠自己去追寻！

700~800分

高于标准水平。你已经在体验一种超愉悦的"与世界牵手"的生活了。继续追寻这一份快乐吧！

500~700分

标准水平。这表明有很多值得渴望并且你应该去渴望的事物存在着，你应该思考一下生活中缺少了什么，并且将其列为追求目标。

0~500分

你在剥夺感官能力给自己、给他人乃至整个世界带来的享受。很明显，这一能力被你隐藏了起来，现在试着去释放它吧！

第 7 章

多元智能测试 6：动觉智力

你对身体的运用能力又如何呢？你会用身体解决问题或做事吗？完成觉智力测试并打分，得分分析会让你对自己有进一步的了解。

运动员用整个身体或者身体的某一部分来解决问题或是创新。舞蹈家、演员、外科医生，这些用身体解决问题或做事的人，都用到了动觉智力。本测试的评分标准是：如果题目的陈述与你自身的实际情况完全不符，那么就打 0 分；如果完全或者基本符合，那么就打 100 分。

1. 我每个星期至少进行 4 次有氧运动，每次运动都以高强度、快节奏持续 30 分钟或以上。（如果你不明白什么是有氧运动，那么你的分数只能是 0 了！）　　　　　　　　　　　　　　　　　得分（　　　）

2. 我四肢协调，身体平衡。　　　　　　　　　　得分（　　　）

3. 我特别喜欢搬运、拖拽和推送东西。　　　　　得分（　　　）

4. 我的关节可以不同寻常地朝各个方向弯曲。　　得分（　　　）

5. 我总是在与各种大病小病抗争，这意味着我始终处于"糟糕"的健康状态，但我从没请过一天病假。　　　　　　　　　　得分（　　　）

6. 我精力特别旺盛，并坚持在身体、精神、社会和职业层面上有所作为。
　　　　　　　　　　　　　　　　　　　　　　得分（　　　）

7. 我的日常饮食非常健康，甚至能引起奥运会选手的嫉妒。它包括新鲜的食物、少量盐、糖、少许精制食物以及一些营养平衡而多样化的食物。
　　　　　　　　　　　　　　　　　　　　　　得分（　　　）

8. 我巧妙地安排自己的作息时间：必须保证优质、有规律的睡眠，在一天的工作中充分休息三次，一年中至少有六周完全不工作，仅供休闲娱乐。
　　　　　　　　　　　　　　　　　　　　　　得分（　　　）

9. 我享受所有有关肢体活动的想法，并且认为用运动来表现自我是我生活中的一大主题。　　　　　　　　　　　　　　得分（　　　）

10. 我享受两性生活。　　　　　　　　　　　　得分（　　　）

得分表									
1	2	3	4	5	6	7	8	9	10
总分									

得分分析

950~1 000分

你是个动觉天才！你很可能是运动员、舞蹈家或别的动觉明星。在以后的生活中继续保持！

900~950分

你可以代表或者就是国家水平。你可以听取奥运会选手的意见，并加入他们。

800~900分

你得到了一个十分鼓舞人心的分数。你已接近该领域的顶峰，如果你再努力一点，就能达到国家甚至是国际杰出水平。向杰出者学习吧，继续尝试。

700~800分

你达到了中上水平。你体型不错，总的来说喜欢活动。回顾你的得分情况，看看是否有可改进的地方。

500~700分

你只是平均水平。这有些危险！头脑需要良好的身体来支撑。本书中的多数天才都是德智体美劳全面发展的。以他们为榜样吧！试着多做些锻炼。

0~500分

至少你有完成这项测试的力气！为了你自己着想，请检视你的身体状况，并着手搜寻改进之法吧，这是你亏欠你的身体和头脑的。

第 8 章

多元智能测试 7：创造力

创造力注重灵光闪现、一触即发的思维能力。创造力带领人们进入
思考和表达的新领域。完成本章提供的测试，看看得分分析，你就
能了解自己是什么状态。

语言文字智力和数字推理智力倾向于注重分析与逻辑思维的能力，创造力则注重灵光闪现、一触即发的思维能力。创造力带领人们进入思考和表达的新领域。在做测试时，如果某条陈述完全不符合你的情况，就计 0 分；如果完全符合你的情况，就计 100 分。把你与另外 100 个人进行比较，这些人可以是你认识的人，也可以是本书中提到的天才。这样做能让你的得分更精确。

答题时你需要一支笔（钢笔、铅笔都可以）、纸，外加秒表，这样你就可以自己计时。

---

1. 我能轻松地拿到一个美术学位，并乐在其中。　　　　得分（　　）

2. 我能轻松地拿到一个音乐学位，并乐在其中。　　　　得分（　　）

3. 我能轻松地拿到一个创意写作学位，并乐在其中。　　得分（　　）

4. 我能轻松地拿到一个舞台表演学位，并乐在其中。　　得分（　　）

5. 我通常能使人大笑。　　　　　　　　　　　　　　　得分（　　）

6. 人们常说我疯狂，不按常理出牌，是个特立独行的人，等等。

　　　　　　　　　　　　　　　　　　　　　　　　　得分（　　）

7. 我会定期去剧院、逛艺术展、听音乐会或参加其他文化活动。

　　　　　　　　　　　　　　　　　　　　　　　　　得分（　　）

8. 我享受以任何形式表现的音乐。　　　　　　　　　　得分（　　）

9. 我认为自己富有创造力并且多产。　　　　　　　　　得分（　　）

10. 这题需要笔、纸和秒表。如果你让别人帮你计时也可以。准备好以后，在 60 秒内写下你所能想到的回形针的所有用法。　　得分（　　）

得分表									
1	2	3	4	5	6	7	8	9	10
总分									

得分分析

问题 10 的计分方法

根据美国心理学家 E. 保罗托伦斯（E.Paul Torrance）对创造性思维的研究工作，这道开放型题目的计分如下：一般人能写出 3 ~ 4 个使用方法，优秀的人能写出 8 个，非凡的人能写出 12 个，特别杰出的人能写出 16 个。每个方法计 10 分，最高 100 分。

950~1 000分

期待能在国际舞台上一睹你的风采，在你主办的艺术展开幕式上看到你的身影，参加你下一部国际畅销书的发布会，甚至听到你获得诺贝尔奖的好消息！你该意识到这方面的智力会随着你的年龄而增长，坚持下去！

900~950分

你是个国家级的创作大师，再努力一下就能获得国际声誉，名扬海外。

800~900分

你具有独特的创作才能。要知道这种智力最易受进步的影响，稍稍推动就能激发它带你进入天才行列。

700~800分

你做得不错，达到了中上水平。检视一下你的态度及现有知识，适当做些改进，并且提高你的得分和智力水平。

500～700分

你只是平均水平。尤其在这项测试中，平均水平意味着你的艺术训练不是太少、太弱，就是训练的方向错了。你该学习些横向思维和发散思维的技巧，如果可能的话，再学些有关大脑知识、记忆力以及创造性思维的课程。

0～500分

得到这级分数是不可能的！你对自己诚实吗？你的大脑远比你所认为的要好，所以通过参加上述课程激发它吧，至少你也该开始阅读相关的书籍了。充分发挥你的想象力吧。

第 9 章

多元智能测试 8：自省智力

自省智力涉及自我认知和自我实现。本章提供的测试能让你对自己的了解更清楚。完成这些测试，你会对自己的思维有充分的了解。

这种智力涉及自我认知和自我实现，主要是指了解你自己。这是一种让你对自己的思维有充分的了解，并能在此基础上应付加速的学习曲线。计分时，如果某条陈述完全不符合你的情况，就计 0 分；如果完全符合你的情况，就计 100 分。

1. 我很自信。　　　　　　　　　　　　　　　　　　得分（　　　）

2. 我会在适当的情感感染下流泪。　　　　　　　　　　得分（　　　）

3. 我对生活的态度基本上是积极乐观的。　　　　　　　得分（　　　）

4. 人们通常认为我是个热情开朗、精力充沛的人。　　　得分（　　　）

5. 我是自己生活的掌舵者。　　　　　　　　　　　　　得分（　　　）

6. 我非常享受别人对我的好感。　　　　　　　　　　　得分（　　　）

7. 我一直定期对亲密的人说我爱你。　　　　　　　　　得分（　　　）

8. 我是个精神行为解读者，了解大脑发出的肢体行为信号。

得分（　　　）

9. 我是个肢体行为解读者，知道保持身体健康的方式、方法；知道合理膳食的组成结构；知道短时间或长时间休息、睡眠的必要节奏。

得分（　　　）

10. 在交流中，我的肢体语言通常与我所要表达的信息相一致，也会使用多样而热诚的手势辅助表达。　　　　　　得分（　　　）

得分表									
1	2	3	4	5	6	7	8	9	10
总分									

得分分析

950~1 000分

你是个天才，是个完美的朋友。

900~950分

你的得分很高，热情开朗、精力充沛的你很容易步入天才的行列。你是那种每个人都很乐意去了解的人。

800~900分

你有相对不错的得分。这方面的智力是你成功的关键，所以进一步改善它吧。

700~800分

你属于中上水平。你很成熟，如果在这个领域做进一步的努力，你会从中受益。

500~700分

你只是平均水平。也许是你错误地低估了自己，重新评价一番！想一下你是如何与他人接触的，最近是否压抑了自己的情感。

0~500分

这个得分表明，尽管你计分时是在"说真话"，但或许这并不是真相。建议你参加交际、健身和发散思维等课程，努力采取积极的态度，掌控自己的生活。

第 10 章

多元智能测试 9：人际交往智力

本章提供了有关人际交往智力的多元智能测试。完成这些测试，找
到属于你的得分分析，你能了解自己的人际交往能力。

这种智力是指对他人的理解：是什么激发了他们？他们怎样工作？他们潜在的需求是什么？简单来说，就是他们行动的原因。

一位成功的编剧就是有着良好人际交往智力的典范。因为写一场戏，甚至是充分理解一场戏，都需要非常高的人际交往智力。这也就是莎士比亚被称作"英国天才中的天才"的原因。

给你自己打分：0分表示你在这方面非常差劲，100分表示你非常优秀。尽可能地对自己诚实。

1. 我能理解他人，并带着怜悯之心去倾听他人的心声，也因为这个品质而远近闻名。　　　　　　　　　　　　　　　　　　得分（　　　）

2. 无论何时，只要有我参与的协商，结果往往是双赢。换句话说，谈判双方对结果都很满意并且认为他们都获得了成功。　　得分（　　　）

3. 我有能力，也很喜欢带领一群性格迥异的人为达到一个既定的目标而奋斗。　　　　　　　　　　　　　　　　　　　　得分（　　　）

4. 我喜欢看到人的多重性格，能敏锐捕捉到各种个性类型。

　　　　　　　　　　　　　　　　　　　　　　　　得分（　　　）

5. 经常有人向我求教，希望我能帮助他们对一些事物做出判断。我也的确帮到了他们。　　　　　　　　　　　　　　　　得分（　　　）

6. 我给他人带来温暖的感觉，有怜悯之心，也会关爱他人，因此为人熟知。　　　　　　　　　　　　　　　　　　　　得分（　　　）

7. 在社交场合，我经常是带来轻松和欢笑的活跃剂。　得分（　　　）

8. 在与他人的交谈中，或是在公开演讲中，我能和听众进行有意义的眼神交流。　　　　　　　　　　　　　　　　　　　　得分（　　　）

9. 我能在避免惹怒他人的情况下表达我的观点。　　得分（　　　）

10. 在餐馆和宾馆，我始终能得到优质的服务。　　得分（　　　）

得分表									
1	2	3	4	5	6	7	8	9	10
总分									

得分分析

950~1 000分

你可能已经是一名领导者、国际商界精英或是某个领域的中流砥柱了。如果还不是，那是时候考虑成为一名领导者了！

900~950分

从范围来看，你是一名高水平的交流能手。只要你愿意，你就有可能晋升到国际水准。

800~900分

你差不多掌握了人际交往中的全部秘诀，可能很受同事和朋友的欢迎。也正因为人际交往能力是所有能力中最重要的一个，你可以考虑进一步提升这方面的能力。

700~800分

你的交际水平属中流之上。继续享受和他人在一起的感觉吧，不过要注意哪些是拖你后腿的弱项，试着提高自己的交际能力。

500~700分

你的交际水平一般般。应多鼓励发展自己的人际交往能力。多反思你和他人的关系，是否真的好好听他们的诉说了。尽力想想他们话中的意思，多顾及他们的感受。

0~500分

给你自己也给他人一点空间吧！你需要意识到，无论是你自身还是别人，都要比你现在认为的要有趣、有魅力得多。更坦诚一点吧。

第 11 章

多元智能测试 10：精神智力

本章提供关于精神智力的多元智能测试。完成这些测试，你能了解自己的综合状态。你可以把多元智能测试的分数与标准智商测试的分数相加，根据获得的总分去找适于你的得分分析，评估你的总体智商。

根据美国心理学家 A.H. 马斯洛（1908—1970）的描述，精神智力是位于人类需求金字塔顶端的一种综合智力。当其他智力都同时高水平运作时，它才会显现出来。

根据符合情况给自己打分：0 分表示你完全不符合这一项，100 分表示你完全符合这一项（在这个测试中，天才会得到许多 100 分）。

1. 我有一种生活的完整感，而且拥有积极的生活目标。

得分（　　　）

2. 我觉得我与整个宇宙有紧密的联系，甚至常常有"与天地合一"的感觉。 得分（　　　）

3. 人们觉得我表里如一。我十分了解自己，能够说到做到。

得分（　　　）

4. 在别人看来，我很有趣，抑制不住的幽默感不断涌现出来。

得分（　　　）

5. 我不会和自己过不去。 得分（　　　）

6. 我能够对其他生命体产生敬畏、惊叹、爱和崇敬之情。

得分（　　　）

7. 别人认为我比普通人更成熟和聪明。 得分（　　　）

8. 我能成功地将谦卑和自信结合到一起（我不会自大，但是我清楚地知道自己能取得什么成就）。 得分（　　　）

9. 我能分不同层次、用不同的方法完整表达自己的意思。

得分（　　　）

10. 我很惊奇自己竟然有如此的好奇心！ 得分（　　　）

得分表									
1	2	3	4	5	6	7	8	9	10
总分									

得分分析

950~1 000分

你是个天才——简直达到了圣人的水平!

900~950分

你得到了一个很高的分数,已经不需要什么建议了!

800~900分

相对来说,你很聪明,活得很充实。保持下去。

700~800分

你处于中上等。既然有了一部分精神方面的优势,就要加强你的薄弱之处。

500~700分

你的水平一般。由于该智力包含平和的心境、欢笑和满足感,因而非常值得进一步发展,并且越快越好。

0~500分

这样的分数也许说明你并不快乐，或是说明你对自己的命运不满，但记住，你有能力改变现状。对你自己同时也对他人而言，你需要把自己的生活变得更有意义。想想如何改善一些事。尽力更客观地看待你的生活，或试着与你信任和敬重的人谈谈。

多元智商和传统智商的总体得分与分析

结合你的天才商数、多元智商和传统智商得分，可以评估出你的总体智商。要得到你的总分，需要把天才商数分成两部分：一部分是多元智能测试的得分，另一部分则是标准智商测试的得分。把这些分数加在一起总共有1万分。把各项得分填入下表中，你就可以获得总分，然后参照后面的得分分析来了解自己。

测试	得分
测试1：天才商数	
测试2：语言智力	
测试3：数学/逻辑智力	
测试4：空间智力	
测试5：感官智力	
测试6：动觉智力	
测试7：创造力	
测试8：自省智力	
测试9：人际交往智力	
测试10：精神智力	
总分	

得分分析

9 500~1万分

拥有这个区间的分数证明你是一名综合性天才。你与达·芬奇和莎士比亚是一类人啊！你的大脑充满了广泛的综合能力，又有着很好的运动技能，你可以成为任何领域的佼佼者。如果当前你还没有成为领袖，那么你也快步入这一行列了！

9 000~9 500分

这个区间的分数表明，就单项来看，你在大部分能力上已达到了天才水平；对剩余的几个项目，你也正朝着天才的方向迈进。从任何一项能力竞技来看，你都是数一数二的好手。既然在某些方面很有天赋，何不利用它们使你的弱项也得到提高呢？把目标定得更高些吧！

8 000~9 000分

这是一个很不错的分数。这个得分说明你离天才的标准很近，或者说，在你为之努力的那些方面，你已经是个天才。当然，这个分数也说明你可能有 1 ~ 2 个薄弱方面。找出它们，然后利用你掌握的知识链来提高它们。

7 000~8 000分

你的水平居于中上，也算优秀。得到这个分数的你需要彻底地回顾一下试题以及测试结果，深入研究你的优势及劣势。劣势足以在你的人生道路上设置不必要的障碍，因此你要利用已确定的优势来发展劣势，并且要积极看待你要做的事。

5 000~7 000分

你处于大众水平。你的得分说明你的多元智能只开发了一部分。在潜能被挖掘出来之前，你还有很长的一段路要走。只要进行一些诸如阅读之类的脑部训练，接受思维挑战并以任何可能的方式激发思维，你很快便会从中获益。

5 000分以下

你只利用了不足 1% 的大脑潜能，因此你的上升空间是巨大的！一旦你致力于提升各项能力水平，生活将变得更加积极也更令人满意。只要你想踏上成功之路，一切努力措施都不会显得太迟。现在就开动脑筋，回顾你的测试及结果吧！

就像所有的肌肉一样，大脑要想强劲有力，必须接受训练。思维导图为你的大脑提供了完美的"锻炼"，能提高你的思考力、创造力以及记忆技巧。所有的训练都一样，练习越多，效果越好。

东尼·博赞

第二部分

创造性智力

本部分将带领你开始一段创造力的旅途，向你展示如何拓展、提高你的创新思维能力。在接下来的章节中，不仅有关于名人历史故事的案例分析，还有各种创意训练。每一项练习除了用来培养特定领域的创意技巧（感谢大脑是个无限扩展和互相连接的联合机器），还将在创意技巧的其他领域培养你的精神力量。

本部分还能教你如何使用思维导图来开发创造性智力，从而提高思考力，并加入了大量运用创造力原则绘制的图表和插图。

第 12 章
什么是创造性智力

本章介绍了创造性智力包含的7个因素，并向你展示如何开发和
提高它们。

创造性智力是指，在你自身的想象力、行动力和生产力的基础上提出新想法，用独创的新颖方式解决问题的能力。它能让你从人群中脱颖而出。

创造性智力包含了一系列的组成因素。所有因素都可以被传授和开发，因此你要坚信自己是能够提高创造力的。接下来，我将按顺序向你逐一介绍这些因素，并且展示如何开发和提高它们。

1.左/右脑

使用、相互协调左右脑的能力及不同的技能。

2.记笔记/绘制思维导图

用纸笔让你的想法可视化，这样你可以更完整地探索。

3.流利度

说出新想法的速度。流利度是测量你创造性智力的标准。

4.灵活度

你产生不同想法的能力，以及用丰富的方法将一个想法转换到另一个想法的能力，把这两项能力综合起来，可以代表你创造力的灵活度。灵活度包括你从不同的角度看事情和用不同的观点考虑问题的能力，用新的思路整合旧的概念，然后颠覆预设的观点。它也包括你在创造新想法时运用所有感官的能力。

5.独创性

独创性是创造性智力和创新思维的本质之一。它代表了创造你的专属想法的能力——这些想法是不寻常的、独特的甚至是古怪的（即远离

正统的)。

6.拓展思维

一个优秀的创造性思考者首先会建立一个中心点，然后向它辐射的所有方向构建、拓展、延伸，并从整体上详细说明最初的想法。

7.联想

创造性思考者充分利用一个事实，即人类大脑是一个巨大的"联想机器"。关于这个联想机器是如何工作的，有一些直观的知识可以解释（学习完之后，你将形成一个清晰的认识）。创造性思考者能够挖掘无限的资源，从各个方面提高自己的创造力。

第 13 章

你能吗？你是吗？你行吗？

本章提供了14个小问题，来检测你是否具有创造性智力。最后两个看起来有些奇怪的问题，能证明你是否拥有丰富的创造力。

你知道自己的创造性智力有多高吗？请思考下面的问题，然后问问自己，说不定会有意想不到的结果。

1. 你做白日梦吗？ 是/否

2. 你会计划菜单，然后为自己、朋友或家人做饭吗？ 是/否

3. 在买衣服时，你会混搭颜色、面料和配饰来创造自己独特的风格吗？
是/否

4. 你喜欢不同类型的音乐吗？ 是/否

5. 你记得自己人生中最愉快和精彩的部分吗？包括和朋友在一起的特别时光，比如美好的运动、度假时光，或是任何重大的人生起伏时刻？
是/否

6. 在孩童时期，你喜欢问各种问题吗？ 是/否

7. 你现在还会问各种问题吗？ 是/否

8. 你经常会对一些复杂而美好的事物感兴趣，希望自己能找出它是如何工作、制作以及如何走进你的生活的？ 是/否

9. 你有性幻想吗？ 是/否

10. 你家中是否有一些报纸、杂志、书籍，你总是告诉自己去看，却永远找不到时间？ 是/否

11. 你生活中有没有一直想要去完成的事情，却至今无法实现？ 是/否

12. 你会因为音乐、体育、表演或其他领域中的某项高超表现而激动或是被感动吗？ 是/否

13. 对下面的设想，你会说"是"吗？如果我一挥魔棒，在瞬间会：

- 把你变成一个苗条健康、舞技超群的舞者，在任何盛大舞会上都能让所有人惊艳。 是/否

- 让你拥有最喜欢的歌手的嗓音，使你几乎能够将所有歌曲唱到令自己

满意、令别人惊异的地步。　　　　　　　　　　　　　　　　是/否

- 把你变成一个能力超群的艺术家，能够飞快画出漫画、素描、风景
  和肖像，并且在雕塑方面，连米开朗基罗都认为你是个可造之材。　是/否
- 把你变成一个故事大王或是幽默大师，能够用故事迷住大家，
  然后用绝妙的笑话让他们陷入不能自拔的大笑中。　　　　　　　是/否

14. 你还活着吗？！　　　　　　　　　　　　　　　　　　　　　是/否

　　如果你回答"是"的问题超过半数，那么可以肯定，你是具有创造性智力的。

　　你若想清晰地了解自己的创造性智力，就请继续这段创造力之旅。为了给你一些提示，我们来看一下上面提到的两个看起来会有些奇怪的问题：

- 你家中是否有一些报纸、杂志、书籍，你总是告诉自己去看，却永远找不到时间？

　　超过95%的人会回答"是"。其实仔细想想，这些人是非常擅长拖延的，但是，这也说明他们同样非常具有创造力。仔细想想吧，在每一天以及长达数周、数月甚至数年的时间里，他们的大脑都能为自己无法安静地坐下来阅读而创造最出色的理由。看起来他们的创造力是用来逃避做事的——但这同样是一种特别的创造力，而且是一种拥有无限力量源泉的创造力——有时它可以持续一生！

- 你还活着吗？！

　　这个问题的答案从某种程度上看很明显，但是它隐含了一个很有深度且颇有意思的事实——在生命中的每一天，如果你想幸存下来，大脑就会蹦出成千上万种针对这个问题的想法、实际行动、解决方法，否则，你的生命就已结束。你是活着的——这个唯一的事实是为了证明你具有丰富的创造力。

第 14 章

使用你的魔力左右脑

在本章中，你将了解有关左右脑的信息，以及怎样多样地、有效地联合左右脑——这就是你的创造力。

我们将乘坐超音速飞机回望过去 50 年对大脑的研究。这个旅程从加利福尼亚州的罗杰·斯佩里教授的实验室开始。一项研究让他获得了 1981 年的诺贝尔奖，而这项研究也会让你意识到自己被隐藏的创造力正等待被释放。

在20世纪五六十年代，斯佩里教授开始研究脑电波的功能。为了探索不同的思维活动对脑电波的影响，斯佩里教授和他的同事们让志愿者从事不同的脑力活动，范围包括心算加减法、阅读诗歌、背诵台词、涂鸦、看不同的颜色、画立方体、分析逻辑问题和做白日梦等。

斯佩里教授预测，在某种程度上，脑电波会因行为的不同而表现不同。结果证明他是正确的，并且他没有预测到的发现，曾改变我们对人类大脑潜力和创造性智力的认知——通常，大脑将其活动非常明确地区分为"左脑"（皮层）活动和"右脑"（皮层）活动。这就是现在已经被我们熟知了的"左/右脑"的研究。

"左/右脑"的研究

以下就是左右脑主要的分工图解：

左脑	右脑
词汇	节奏
逻辑	空间感
数字	格式塔（完整倾向）
顺序	想象

线性感	白日梦
分 析	色 彩
列 表	维 度

斯佩里教授发现，当右脑皮层活跃时，左脑倾向于进入一种休息或是沉思的状态。同样地，当左脑皮层活跃时，右脑皮层显得比较放松和平静。

每一个参与这次脑电波实验的大脑都显示出，大脑两边皮层的功能能够在一个良好的秩序中工作。换句话说，在基本的物理、生理和潜力的层面上，每个人拥有的智力、思考能力和创造力都是巨大的，但是显然他们只用了其中的一小部分。

到了 20 世纪 70 年代，这次的实验结果又引起了后续实验、研究和调查。

一个显著的研究方法（我个人也参与到其中），就是调查人们对自身能力的认知，然后通过真实的脑电波测试来核实他们感知上的能力或障碍。

以下是一项自我调查：

左右脑的自我调查

- 你是否认为自己几乎不可能（从基因角度上不可能）快速准确地根据利率算出自己贷款的利息，或是你家花园面积占房屋总面积的比率？　　　　　　　　　　　　　　　　　　　　　　是/否

- 你是否认为自己几乎不可能画出惟妙惟肖的肖像画，或者掌握风景画的大小和透视，懂得艺术史并且能雕刻出写实和抽象的作品？　　　　　　　　　　　　　　　　　　　　　　　　是/否

当你知道结果后，或许会松口气——因为超过 90% 的受调查者十分确信，自己天生就不具备能在数学、艺术和音乐这三项重要领域有所造诣的基因。

但他们的看法其实是错的！

一系列的研究发现，当我们在这些假定比较薄弱的领域接受良好的训练后，会突然变得比原来擅长许多。就像某些肌肉群之所以薄弱，并不是因为这些肌肉本身是无能的，而是因为它们长时间得不到运用罢了。

这还不是全部：除了我们认为自己薄弱的领域能够得到开发，另一个发现是：当新的"精神力量"出现后，其他已有的"精神力量"也会相应表现得更好。

举个例子，如果有人曾经在想象力和绘画方面很弱，那么当他接受这方面的训练并且有足够能力后，他在文字、数学领域的技能也会有突然的提高，也更加有创造力。同样地，如果有人曾在数学方面比较薄弱，经训练而有所加强后，他的想象力和音乐技能也会变得更好。

这些正在发生的现象就是左脑和右脑相互"交谈"的结果。左脑接收信息后传输给右脑，这些信息会在经过特殊加工后再传输回左脑，以此类推。在这个过程中，大脑在相互协作中积累信息，然后通过结合不同的要素来提升自己的智力和创造力水平。

到了 20 世纪 80 年代早期，左右脑的活动范例已经为全球所知，关于这个非凡发现的书籍也陆续出现了，但是困难也随之而来。

问题一

你可能听说过，左脑活动通常会被贴上"智力""学术"或是"商业"活动的标签，而右脑活动则相应地被贴上了"艺术""创造"和"感性"活动的标签。

如果以上给左右脑活动的标签分类是正确的话，那么学术智力派如牛顿和爱因斯坦就会被定义为"左脑者"，而音乐家、艺术家如贝多芬和米开朗基罗则会被定义为"右脑者"。换句话说，他们并没有使用自己全部的大脑！

然而，一些被视为伟大的创意天才一定是运用了整体的智力和创造力——即他们的整个大脑。

更多的研究被明确要求阐明这个不断激化的矛盾。我和一些有着强烈好奇心的人收集那些伟大的创意天才的数据，并将它们与左/右脑理论模型联系起来。

猜猜我们发现了什么？关于"左脑者"爱因斯坦，我们发现了这个：

历史案例

阿尔伯特·爱因斯坦

阿尔伯特·爱因斯坦被提名为20世纪最伟大的创造力天才。然而，他曾经只是个穷学生，宁愿做白日梦也不肯学习，最终被学校认为具有"破坏性影响"而遭开除。

作为一个青少年，他对数学和物理充满想象力。他同样对米开朗基罗的作品非常感兴趣，并进行了深入研究。这些相互联系的兴趣鼓励他进一步挖掘自己的想象。他开发了著名的"创意思维游戏"，并在这些游戏中给自己提出有趣的问题，任凭自己的想象力肆意蔓延。

在其中一个著名的创意思维游戏中，爱因斯坦想象他处在太阳的表面，抓住一束阳光然后以光速直线驶离太阳，直到宇宙的尽头。

当旅程"结束"，他惊讶地发现自己几乎重新回到了开始的位置。这在逻辑上是不可能的：你不可能沿着一条直线一直走下去，结果却回到了出发的地方！

爱因斯坦因此又再次想象：他在太阳表面的另一个地方抓住一束阳光，再一次沿着直线行驶到宇宙的尽头，直到又一次回到了离出发点很近的地方。

慢慢地他理解了真相：如果人"永远"按照直线行驶却不断回到原来的位置附近，那么"永远"必须符合两个条件：以某种方式弯曲；拥有边界。

爱因斯坦由此得出了其意义最深远的见解：我们的宇宙是一个弯曲且有限的空间。这个充满想象力的领悟并不是仅仅通过左脑思考得出的，而是结合他的文字、数学、顺序、逻辑和分析能力，以及丰富的想象力、空间感和纵观全局的能力。

他的洞见是左右脑完美地相互协调和对话的结果。这是一个完美的"全脑人"充满创造力的领悟。

贝多芬

贝多芬以他的激情澎湃、热烈执着和怀疑精神而为人们所熟知。同样，也因为他痛恨当局专权和审查制度，为自由表达艺术始终不断斗争，而被公认为天才模式的"完美"范例。

贝多芬的这些表现与传统的关于右脑创意天才的阐释相吻合。然而大多数人都没有注意的是：贝多芬其实与所有音乐家一样，也是一个让人难以置信的"左脑人"！

这与音乐的本质有着密切的关系：乐曲是按照谱线逐一写成，有着自己的内在逻辑，并且建立在数字的基础上。音乐常常被描述为数字最纯粹的形式（有一个有趣的现象是：很多伟大的数学家把音乐作为他们的主要爱好，反之亦然）。

除了拥有超强的想象力和韵律感，贝多芬也是个一丝不苟的人。他倡导使用音乐节拍器，声称这是上帝带给他的礼物，因为这意味着未来的每一个音乐家和指挥家都能够按照非常精确的韵律、重音和数学节拍来演奏他的曲子！

所以，与爱因斯坦一样，贝多芬既不是左脑人也不是右脑人。他是完完全全的有创造力的全脑人。

对那些伟大的创意天才的研究确认了，他们都是使用"全脑"的人——完整地使用大脑皮层的技能，每一个技能间都能相互补充和支援。这些发现用研究和假设清楚地阐释了第二个问题。

问题二

第二个问题是：左脑的"智力"活动倾向于被打上"男性"活动的标签，而右脑的"创造力""感性"活动则易被视为"女性"活动。这是大错特错！

这些标签只是简单地拓展和"认定"了数百年来的老观念：

- 学术、教育和智力的范围只包括文字、数学和逻辑，而不包括想象力、色彩和韵律。
- 商业只能遵循严格的秩序。
- 男性是有逻辑的、理性的个体而非感性、有想象力或有"色彩"的。
- 女性是不理智的白日梦者。
- 感情并非基于相关联的逻辑。

● 创造和艺术并不是"恰当的"追求，且背后没有理性与科学作为支撑。

令人感到悲哀的是，这些错误的想法造成的悲剧到现在仍然十分普遍，这也是本书想要帮助人们改变这种错误认知的原因。它使思维失去理智、远离真相，也因此减少了乐趣、体验和存在感。

不幸的是，这些错误的想法在教育领域特别普遍。我们会假定教育必须是"左脑的"，因而给那些精力充沛、想象力丰富、好奇心重或是做了很多白日梦的孩子贴上顽皮、搞破坏、过分活跃、迟钝或者发展缓慢的标签。而事实上，我们应该把他们看作是有潜力的创造力天才，他们只是刚刚开始探索自己的能力！

同样地，很多商业人士也卡在了"左脑人"的惯性思维中，丢弃了左右脑协同工作的想象力和天分，最终毁掉了他们的声誉和底线。

还有艺术家。调查表明，大多数人认为艺术家代表了杂乱无章，懒散、衣冠不整，不擅长逻辑和记忆，还缺少结构和组织能力。令人感到遗憾的是，全世界数百万艺术系学生都试图"过上"（实际上是堕落）这个"理想"版本的生活。他们拒绝思考数学、逻辑、顺序和结构，只在脑海中制造一闪而过的影像。

21世纪的左/右脑思维

属于大脑的世纪已然开启。我们现在认识到，让自己具有创造力的方法就是使用整个大脑。此外，我们原先给左右脑贴标签的错误还让我们认识到，人类的创造潜能甚至比我们之前想象的还要大。

用下面这个简单的问题来对比下，你就能够确认这一点：

> 如果我们一直只使用一半的大脑的技能，我们大脑的运转效率有多高呢？

最直接的答案是50%。这表明我们一直只用了一半的智慧！然而，就连一半也是高估了。下面用一个简单的事例来说明这一点。

> 假设我们要测量你跑步时的效率。在实验一中，让你使用身体全部的能量，包括胳膊和腿。想象一下将你跑步的过程录下来，然后检测你的力学效率会怎样。大部分人都能得到较高的分数。
>
> 再想象一下，在实验二中，将只允许你使用身体运转潜力的50%，把你的右手和右脚一起绑在你的背后。你会怎样？相信不用几秒钟你就会摔得脸朝地！效率？连零都没有。

这是为什么？因为你身体的各部分天生就需要相互协作，在此过程中各部分之间的相互作用将产生千倍的效率。

这条规律对你的大脑同样适用。当你只使用一边大脑皮层的技能时，你的创造力与你本来可以达到的相比根本不值一提。而当你同时使用左右脑时，你创造力的潜能将接近无限。

下面的创意训练和接下来的章节将会为你探索释放无限创造力的方法。

创意训练

1.运用全脑技能开始认真检验你的生活

检查你通常使用和培养的左脑技能，而后检查右脑的。注意任何平时被你忽略的左右脑技能，然后立刻开始锻炼并强化它们。

2. 教育

如果你有孩子，请在整个教育过程中提供全脑思维，包括学校、社交和家庭教育。试着帮助你的孩子获得一种平衡的教育，让他们能够过上更有创造力、更加充实的生活。

不仅如此——你自己也可以运用同样的准则来进行终生不断的学习，你也可以生活得更有创造力、更加充实。

3. 经常休息

令人惊讶的是，如果你想拥有非常真实的创造力，全脑思考要求你必须进行有规律的休息。

仔细想想吧：当你的想象力爆发的时候，当你想出解决问题的办法的时候，当你做那些绝妙的白日梦的时候，你的人在哪儿？以下给出的回答符合或包含了大多数人的答案：

- 在泡澡时
- 在淋浴时
- 在乡间漫步时
- 临睡前
- 睡着的时候
- 刚醒来的时候
- 听音乐的时候
- 长途开车的时候
- 户外跑步的时候
- 有用的时候

- 躺在沙滩上的时候

- "无所事事"地涂涂写写的时候

在这些时候，你的身体和精神处于什么样的状态呢？无疑是放松的，而且通常是在独处时。

就是在这些放松的时段，你的左右脑才能够互相联系和交谈，你的创造力才能得到更好的释放。

如果你不能有意识地去休息，你的大脑就会代替你做决定。很多"辛勤地工作"（但不是"聪明地工作"）的人反映，随着时间的推移，他们会感到压力越来越大，注意力也开始变得容易分散。这其实是一件好事，这是他们的右脑坚持为不平衡的状态注入一点点幻想和白日梦来达到平衡的结果。

如果你属于上述情况，却还在固执地逼迫自己继续由左脑支配的生活方式，你的大脑就会让你用其他的方式来休息，其表现从不能集中注意力，到发生小小的崩溃——你会变得容易发怒，毫无理性，再到完全爆发……唯一治疗的方法就是——放松和休息！

有意识地去休息，给大脑和自己一个喘息的机会。你的创造性智力会很喜欢你这样做的。

4. 进行长距离的行走或漫步

在罗马有一个特别的说法，大意是"在走路时解决问题"。虽然这显然不属于左右脑理论，但罗马人意识到，当你散步时，特别是在乡间户外，你的四肢有了稳定的运动频率，心脏跳动得更加规律、有力，那么充满氧气的血液就会流入你的大脑，同时还可享受视觉、听觉等感官上的盛宴，这些都有助于你创造性地思考和解决问题。

如果你在工作中遇到了需要创造力的任务或问题，出去走走，你就能得出结果！

5.在日常生活中保持创造力

在下面空白的地方，分别列出你认为自己在生活中拥有创造力和不具备创造力的领域。完成之后接着往下读。

有创造力的	缺乏创造力的
_____	_____
_____	_____
_____	_____
_____	_____
_____	_____
_____	_____
_____	_____

上述问题的理想答案是：日常生活中，从本质上讲你在所有方面都是具有创造力的，而且所有这些方面都能够通过更多地运用左右脑的技能范围来提高的。看看下面这些日常活动，它们都有赖于创造力：

- 烹饪
- 布置房间
- 自己动手制作和装饰家居
- 园艺

- 寻找路线和看地图

- 木工

- 插花

- 特殊活动的开销预算

- 人际关系

- 礼物包装

- 写信、发信息

- 布置桌子

- 布置盆栽

- 照顾和训练宠物

- 计划假日和特殊活动

- 会议安排

- 踢足球或做别的运动

这些活动里的每一项都能变得更加有趣和有创意，只要在左右脑的技能间加点"调料"。

在这个创意舞台上，小事情也很重要。（在沙滩上收集贝壳和浮木，然后陈设在你的家中，或者做一些木制的玩意儿；用一些剩余的碎布料或是其他无用的材料缝制拼接被子；在每人的盘子里放上一朵花来装饰餐桌，或者用海滩上捡来的贝壳盛放胡椒和盐；每个星期找寻不同的新路线去上班。这些事情都只需要一点点的努力，却能让你感觉到自己在生活中有着无法估量的创造力。）

特别是假日时光和一些季节性的节日，都是展示你创造性智力的绝佳机会。举办一个有创意的宴会，好好装饰；制作贺卡和礼物送给别人，或是为你的朋友计划一个晚宴……可能性是无穷无尽的！

6. 优秀的策划团队

在所有伟大的创造力天才的背后，都有着向他们提供灵感的英雄。亚历山大大帝有他的导师亚里士多德；尤里乌斯·恺撒有亚历山大大帝；文艺复兴时期，意大利所有伟大的创造天才都效仿古代的经典；俄国的凯瑟琳女皇向彼得大帝找寻灵感；拳王阿里有舒格雷·罗宾逊；牛顿有苏格拉底；斯蒂芬·霍金有牛顿……

伟大的创造家所用的技巧就是跟他的英雄们进行充满想象力的对话，向他们征求"想法"和灵感。这种创造性思考的技巧可以被用来追求有力的科学或文化目标，也可以运用在普通的日常生活当中。

我个人觉得这种技巧在我的生活中非常有价值，并且成功地运用了二十多年。它让我在任何重要机会和问题面前都变得格外有创造力。我使用这种技巧的方法如下：当遇到一个需要我优秀的策划团队帮忙的状况时，我会在他们之中选择最适合解决当前问题的人们，然后想象他们分别会给我什么样的建议，以此来最优化地应对当时的状况。我选择的英雄们都有着独特的创造性方法、充足的能量，取得过惊人的成功，我知道所有的这些都将被"输入"我的头脑，然后经过我自己的创意思维来加工。

我经常求助的策划团队成员如下：

我们的创造力导师达·芬奇，因为他有着无尽的创造力和发明的才能。

伊丽莎白女王一世，因为她在保持坚定的同时也很灵活，学习速度也快得不可思议。

释迦牟尼，因为他对自我的深层探索，也因为他能够禁得起极限的贫穷和苦难。

拳王阿里，因为他惊人的独创性和创造力，也因为他代表和维护了少数群体的利益。

植芝盛平，日本武术合气道的创始人。在这门武术中，学生被教导要将任何暴力转化为平静，与此同时还要保持坚定不移。

另外，所有接受本书帮助的人，也是另一种意义上的优秀策划团队！

你也可以选择4～5位历史伟人作为你的"优秀策划团队"，再从你的家人或朋友中找几位在思维能力、分析能力和创造力方面受到你特别仰慕和尊敬的成员补充进去。当你遇到任何状况或问题时，请与你内心的这些天才们进行充满想象力的对话，然后想象他们会给你怎样的答案和建议。你会惊讶（有时候甚至是震惊）于结果是如此美好。

7.爱因斯坦的创意想象游戏

你可以每天或每周玩一次"爱因斯坦的创意想象游戏"。我们已经知道，爱因斯坦会给自己提出一些有趣的问题，诸如"如果乘着阳光飞到宇宙的尽头会怎样？""如果我以光速离开某人身边，我会变成透明的吗？"或者是"光会弯曲吗？如果会的话，我怎么知道我现在看到的东西到底在哪里呢？"他会让他的想象力肆意穿行在所有可能的结果中，不管这些可能性看起来有多么奇异或者疯狂。你可以效仿他，用一个自己感兴趣领域的话题试试，看看能够想出多有创造力的答案。

8.正确的重点

由于我们的学校、工作和文化都倾向于强调左脑皮层的技能，所以要特别注重如何完善右脑技能。想出三种能够将右脑技能用到我们日常工作和生活中的方法——你的生活将会变得更有乐趣，也更有效率。

9. 调动你的身体

如果你能调动你的身体，相对应地就能调动全部的大脑。学着换换吧，在生活中多使用不灵活的那只手做事情，比如扎头发、刷牙、拨电话、用铲子搅动平底锅、写字……你甚至还可以反方向地用餐具吃饭！

10. 制作色彩纷呈的"脑力对话"和"思维导图"笔记

笔记是大脑与自己沟通的一个特殊方式。它会让你的大脑持续产生创造性的想法。将问题和记忆用外在的形式记录下来，比让它们在大脑中"悬浮"要好得多——不信的话，不妨试试不用纸笔而在脑海中计算长除法！

当你记笔记的时候，要同时使用你的左右脑，用不同的颜色、图像、空间规划和视觉节奏来给你的笔记添加有趣的重点。这种记笔记的技巧就叫作思维导图，这个主题将在下一章节详细介绍。

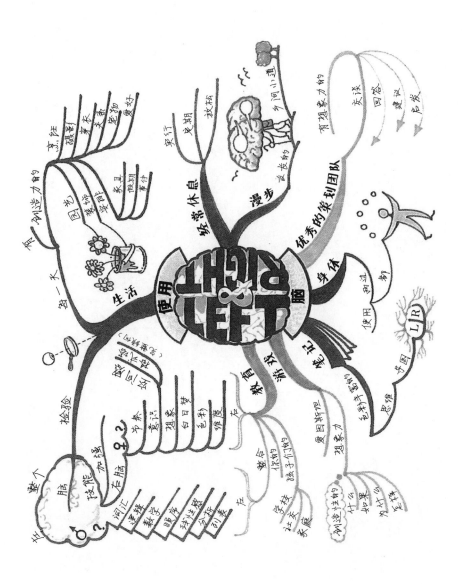

第 15 章

无限的创造力——用思维导图为你的思维绘制地图

本章将向你介绍创新思维的终极工具——思维导图，并向你展示如何高效地使用这一瑞士军刀般的思维工具。

将你的思维从“无创造力”的桎梏中释放出来

你可能已经明白，从走进校门的那一刻起，你的创造力可能有 99% 已经被固化了。

为什么会出现这种情况呢？

你可以检查一下。你只需问问自己是怎样将大脑中的想法可视化的——换句话说，你会记什么样的笔记？

你的笔记是图 15-1 这样的吗？

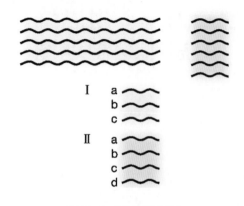

图 15-1　传统的笔记形式

如果你是本书前面提到过的世界上 99% 人口中的一员，那么这就是你记笔记的方法：你用句子或短语中的词；你给文字画线；你可能用一种“先进”的笔记形式，即利用数字和字母来整理思路；你会按照一行行的顺序记笔记，所有的信息都按照书上的内容或是演讲者的思路来呈现；你会在直线上记笔记；你会用蓝色的、黑色的、灰色的钢笔或是铅笔来记笔记。

很多人常常感到自己并没有像所了解到的那样具有创造力。这是否因为几个世纪以来，人们一直使用这样的方式记笔记呢？同样，是否也是大多数人误解了创造力的本质，抱怨自己缺乏创造力的原因呢？

让我们来深入研究一下。

首先来看看我们经常用来记笔记的蓝色、黑色和灰色这三种颜色。我们之所以这样做，是因为学校就是这样教的。（在我的母校，老师教我们不要只用一种颜色的笔——可以用蓝色或黑色，但是也只能用指定的墨水颜色！所有学生如果违反了这个严格的命令，就可能要做25行额外的作业！）

那你的大脑对此做何反应呢？

对你的大脑而言，蓝色、黑色或灰色都是单一的颜色（单色度），这意味着涌入你眼中的光波都是一样的。也就是说，对你的大脑来说，蓝色、黑色和灰色意味着信息的单一性。

当我们把"单一"和"基调"两个词连起来会得到什么呢？单调。如果一件事情很单调，我们会形容它是枯燥的。那我们会用什么词来形容一件枯燥的事情呢？无聊！

你的大脑在感觉到无聊的时候会怎样？以下内容包含了大多数人的回答：

- 熄灭
- 关掉
- 切断
- 死机
- 做白日梦
- 注意力分散
- 睡着

所以，现有的释放生产力的方法，实际就是让你的创新思维无聊到注意力分散的地步，然后睡着。

还有，我们一直用来书写的格线就像是牢狱，限制了大脑的想象力和创造力。

接下来，让我们来探索一下，如果让大脑按照其自有的思维方式来思考，将想法可视化，结果会是怎样——

放射性思考，证明你无限的创造潜力

和电脑按顺序进行线性思考的方式不同，人类大脑的思维模式具有发散性和爆炸性，如图 15-2 所示。

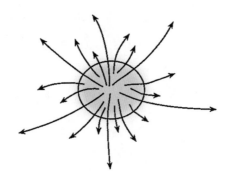

图 15-2　发散性和爆炸性思维

为了展示发散性思维是如何运作的，请你试一试下面的发散性思维创意游戏，它会永远改变你对思维方式的认识！

在图 15-3 中你会看到，脸部的中央有 1 个单词"FUN"，5 个分支从脸的四周发散开去，像树或者河流一样，每个分支都会再发散出 5 个分支。

游戏方法如下：在最中间的 5 个分支上，分别写出你最先想到的跟"FUN"有关的单词，写什么都可以。当你写完中间的 5 个之后，再推进到下一级分支：根据主干上的单词在 5 条线上快速写出你最先想到的 5 个单词（同样地，每个分支上写 1 个单词）。当你完成了 5 个主要的枝干及其所有的分支以后，接着读下面的话——

图 15-3　发散性思维练习

你能做好这个练习吗？

你当然能！

它简单吗？

当然简单！

是不是觉得比刚开始看到它的时候更有意义？

我敢打赌一定是的！

想想看吧。你的大脑刚才做的事情意义深远。你只是选择了一个概念"FUN"，然后从它发散出 5 个关键词。这样你就输出了自己初始想象力的 5 倍——那是 500% 的想象力输出！

接下来，根据刚刚产生的 5 个最新想法，再为每一个创造出 5 个新的想法来。这又是一个 5 倍或者说 500% 的增长！你几乎可以立刻从一个想法创造出 30 个新的想法来。

现在问问你自己："从刚才 5 个关键词发散出来的 25 个分支词中，是否能用每一个分支词再创造出 5 个新的想法呢？"你当然可以了！那又将是 125 个新想法！

你能在以上的每个分支上再加上 5 个单词（想法）吗？答案同样是，

当然可以——于是又多了 625 个新想法！这是最初数量的 6250%！接着读下面的话——

你能接着进行下一级吗？再下一级？再往后几级？

你绝对可以！

能够进行多久呢？

答案是永远！

创造出多少想法？

那是一个无限大的数字！

恭喜你！你已经能够使用基本的思维导图技巧，并且证明了你的创意潜力是无限的。

还有更好的消息！

在刚刚做的发散性创意思维游戏中，你主要使用的是左脑。我们已经证明了它无限的创造力，想象一下，若再加上右脑的神奇技能会怎样？比如加上基本的思维导图模式，使用多种颜色，加强视觉节奏，用不同的影像、图片、代码、维度，并且聪明地安排空间。如果这样做，你就再一次成为调动全身的奔跑者，你的各方面能力也会协调地成倍增长。创造能力是无限的，而现在的你就相当于给它增加了额外的力量、色彩和空间。

创意思维导图

你已经在"FUN"的游戏中做了一个基本的思维导图。相信我，接下来创作一个完全成熟的创意思维导图，既简单又很有趣：

1. 从一张白纸的正中间横向开始

为什么？因为你的大脑会有一个自由发散的空间，其创造力可以向各个方向发展。

2. 为你的中心思想配一张图片

为什么？因为对你的创造力来说，一张图片要比千言万语更加有用。它既让你有视觉上的享受，也能让你保持注意力集中。

3. 从头至尾使用多种颜色

为什么？因为不同的颜色能够刺激你的创新思维，帮你区分出想法中创造性的部分，并且刺激大脑的视觉中心，激发你的兴趣，牢牢抓住你的视线。

4. 将主要的想法和中心的配图连接起来

将每一级后续的小分支同上一级连接起来。为什么？因为你的大脑是协同工作的，如果你在纸上连接起所有的分支，这些想法就会在你的大脑里连接起来，并且迸发出更多创新思维的火花。这样做同时也能形成并支撑起一个基本的思维结构，就像你的骨架、肌肉和结缔组织共同支撑起了你的身体。

5. 连接分支间的线条宜弯不宜直

为什么？因为一个满是直线的思维导图会让你觉得很无聊！对你的大脑来说，弯曲的线条要显得有吸引力得多，这是大脑的天性。

6.每一行只写一个单词

为什么？就如同你在"FUN"的练习中所学到的那样，每一个单词或图像都能产生一大批与其相关的创造性想法。当你用单个词语来表达的时候，更利于新思想爆出火花。如果使用短语或者句子，则很容易抑制这种触发效应。

7.从头至尾使用图像

为什么？因为图像和符号更便于大脑进行记忆，并且能刺激大脑产生新的、有创意的相关想法。

现在，你已经学会使用人类已知的最具威力的创意思维工具——思维导图了。

在畅销书《打开你的创造力》（*Cracking Creativity*）中，作者迈克尔·米哈尔科将思维导图称为"代替线性思考的全脑型思维"。他注意到使用思维导图的诸多好处，列举如下：

使你的整个大脑活跃起来；

能够清理杂乱无章的思绪；

使你将注意力集中在主题上；

让你能对与主题相关的细节进行深入挖掘和整理；

找到看起来不相关的孤立信息之间的内在联系；

让你对主题的细节和整体都有一个清晰的把握；

用图像的形式表现出你对主题的掌握程度，让你迅速发现自己知识的缺漏；

让你对不同的概念进行分类和重组，鼓励你多做对比；

让你保持活跃的思考，在解决问题的过程中越来越接近最终的正确答案；

让你对主题保持全神贯注，把对相关信息的短时记忆变为长期记忆；

让你的思维向各个方向延伸，获得从各个角度思考的结果。

当开始绘制思维导图的时候，你就已经步入了伟大天才们组成的万神殿。正是思维导图的基本原理，引导着他们将各自的想法具象化，从而成就了其在各自领域里的创造性飞跃。这些人中，有达·芬奇，曾被选为"上一个千年最具智慧的大脑"；有米开朗基罗，伟大的雕塑家和画家；有达尔文，伟大的生物学家；有牛顿，发现了重力的三大定律；有爱因斯坦，提出了相对论；有丘吉尔，著名的政治领袖和作家；有毕加索，改变了20世纪绘画的整体面貌；有威廉·布莱克，英国的梦想家、版画家和诗人；有爱迪生，灯泡的发明者；有伽利略，用他在天文学方面的发现颠覆了人类对宇宙的认识；有托马斯·杰斐逊，博学多才，美国宪法的缔造者；有理查德·费曼，获得诺贝尔奖的科学家；有居里夫人，获得两次诺贝尔奖的化学家和放射线研究者；有玛莎·葛兰姆，伟大的舞蹈家和编舞家；还有泰德·休斯，中世纪晚期英语的桂冠诗人，也常被誉为20世纪最伟大的诗人。

你有很多好榜样！甚至有很多人认为，正是这些逃离了线性思维禁锢的伟大创造者，造就了意大利的整个文艺复兴。他们让自己的思维和想法变得可见，不再仅仅局限于逐行逐字，而是加上了有威力的元素：影像、图画、图解、代码、符号、图表等。

思维导图发展编年史

下面我们来说说思维导图演变的过程。

大约在公元300～400年，思维导图就开始有了萌芽。这种理念在达·芬奇和莎士比亚时代又前进了500年。正如达尔文假设的那样，原始的思维导图在生命之树的精华中达到了顶点。当我们越来越接近原始思维导图的最高水平时，关于大脑模式的思维导图的胚胎出现了，那就是1974年英国BBC电视台播出的10集电视节目《启动大脑》和它的同名书。这让思维导图走上了世界舞台。

到20世纪80年代早期，思维导图的绘制强调"每条线上只写一个关键词"，可以说，它的定义已经变得非常完善了。

事实上，到目前为止，真正的思维导图在现代人生活的10万年间只存在了40多年。如果要用方程式来表示思维导图，那么以下两个方程式是最为恰当的：

$E \nrightarrow M=C$ 和 $E \nrightarrow C=M$（你也可以添加表示无穷大的符号 ∞）。

思维导图是智慧之花。在我们的互联网世界，这种智慧之花出现得越来越多了——

就在我写作的这一刻，互联网上就出现了1亿个以上的思维导图。

现在，越来越多的人开始对思维导图出现的年代产生了兴趣，并着手进行研究。所有的研究者都在搜索真正的思维导图，并且也在追查着一般人所讲的"思维导图"。大家都认定在很久以前是有思维导图的，但这并非事实。那些所谓的"思维导图"只不过是走向思维导图的奠基石。

在众多研究者中，维克·吉（Vic Gee）和罗伊·格拉布（Roy Grubb）组成的研究组探索得最为准确，他们认为思维导图的历史是从公元1世纪早期到1974年为止——这一年播出了影响深远的10集电视节目《启动大脑》，以及同名书的发行是开端。

波菲利之树

我见过的第一个使用视觉信息的图，就是波菲利之树（Tree of Porphyry）——它是一种层级分类结构，类似于思维导图（见图15-4）。

波菲利（233—305）是一位古罗马哲学家。这个具体的例子是在华盛顿大学的一堂哲学课上被提出的。但后来证明，关于波菲利的所有研究材料都是伪造的。

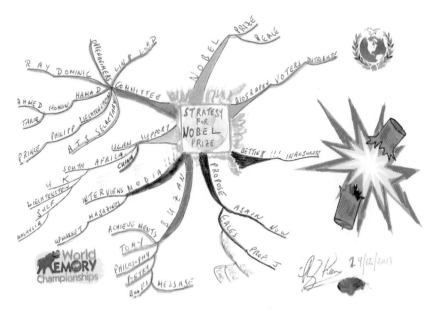

图 15-4　波菲利之树[①]

伟大的家谱（大约公元472年）

图 15-5 是 1 个时间轴和 15 个 "家族谱系图" 的伟大结合。在这里，家谱指的是一卷记录了古代某个罗马家族的文件，也即家族谱系图。下面是历史学家让·巴蒂斯特·皮金（Jean-Baptiste Piggin）在现代进行的重建，他把《圣书》抄本中的部分重新组合，制作成带形记录纸。

---

① 本章的编年史部分，相关图片由于年代久远清晰度不佳，请读者见谅。——出版者注

图15-5 伟大的家谱

关于它的出处情况太复杂，所以本书没有细致地写出来。如果你想进一步研究，最好去让·巴蒂斯特·皮金那里寻求帮助。

如果你想要明白那个现代作品与《圣经》的关联，那么请看图15-6的一小部分图解和概念重组：

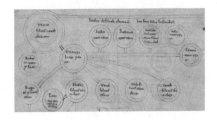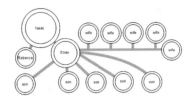

图15-6 让·巴蒂斯特·皮金的图解和概念重组

波伊提乌（大约公元520年）

图15-7所示的版本是历史学家让·巴蒂斯特·皮金对罗马哲学家波伊提乌的一份图解做的另一个现代重组，这份图解是基于原稿 In Isagogen Porphyrii Commentum 的复印本做的。那份原稿已经丢了，但据说这复印本是可靠的。

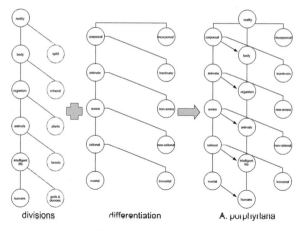

图15-7　让·巴蒂斯特·皮金对波伊提乌图解所做的现代重组

卡西奥多罗斯（公元562或公元692）

我从亚历克斯·古丁（Alex Gooding）的日志中发现了对《圣经》的概括图解（见图15-8）。

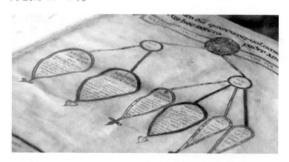

图15-8　亚历克斯·古丁日志中对《圣经》的概括图解

古丁根据 BBC 电视台的一个节目，把这个概括图解的日期标注为公元 692 年，但是让·巴蒂斯特·皮金向我指出，《圣经》产生于诺森布里亚的盎格鲁－撒克逊王国，最早出现在公元 562 年卡西奥多罗斯写的一份手稿上。由于早期的作品丢失了，我们无法准确地判断这个图解是否包括在原始的目录里，但让·巴蒂斯特·皮金是这门学科的专家，他相信这份图解是包括在里面的，并且也提供了重组的例子，见图 15-9。

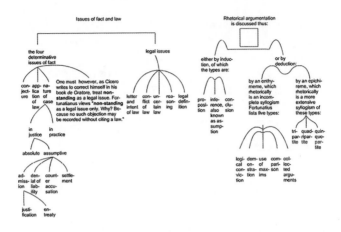

图 15-9 让·巴蒂斯特对《圣经》的概括图解所做的现代重组

另外，根据卡西奥多罗斯的作品《制度》(*Institutiones*)，杰罗姆对经书做了分类（见图 15-10），并且他确信那个《圣经》的概括图解是卡西奥多罗斯自己做的。

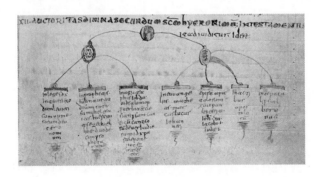

图 15-10 杰罗姆对经书的分类

中古世纪的阿拉伯

对图 15-11 中的这两幅图，除了根据图案类型来猜测日期，我没有其他方法来确认它们的具体时间，但能肯定的是必须追溯到古代。

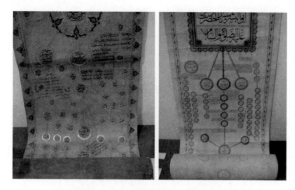

图 15-11　中世纪阿拉伯的图解

拉曼·鲁尔（1232—1316）

拉曼·鲁尔（Ramon Llull）是西班牙东部马略卡的哲学家，非常热衷于使用视觉工具，代表作品有《科学之树》（见图 15-12 左）。图 15-12 右图是阿尔斯·马加纳（1350）的作品《逻辑机》，其中有可旋转的圆盘。马加纳就是用它探索了逻辑三段论。这幅作品虽然没有使用放射性手法，但的确是用树来做象征的。

图 15-12　《科学之树》与《逻辑机》

莱昂纳多·达·芬奇（1452—1519）

达·芬奇那幅《维特鲁威人》证明了他是一位准思维导图使用者。作品中的那个四肢伸开的人创造出了一种分支的形态，甚至看起来就像轮子一样（见图 15-13），从而解释了每一样事物与其他事物之间的关系。

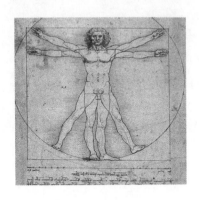

图 15-13 《维特鲁威人》

帕格尼尼（1527）

从印第安纳州的圣母大学，我们得到了由帕格尼尼在 1527 年出版的但丁《神曲》中的图解。

图 15-14 是标题为"地狱的道德图解"的一部分内容。

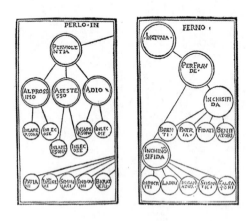

图 15-14 地狱的道德图解

艾萨克·牛顿（1643—1727）

从图 15-15 来看，艾萨克·牛顿的想法似乎已经无限接近思维导图了。

图 15-15　牛顿的"思维导图"

约翰·班扬（1664）

图 15-16 所示出自因作品《天路历程》而闻名的约翰·班扬之手。

图 15-16　约翰·班扬的"思维导图"

查尔斯·达尔文（1837）

或许图 15-17 是迄今为止手绘出来的最重要的思维导图，尽管也有人辩驳说，它和前述的图都是一个类型。这就是达尔文的《生命之树》，是他对树的生命进程所产生的最初想法。这表明他对物种之间可能存在的关系已经有了初步的设想。

图 15-17　《生命之树》

雅克·普莱维尔（1924）

从 R. 克拉里亚纳那里，我知道了在 1924 年有人是这样概括思维导图的（摘自 1924 年 9 月雅克·普莱维尔在旺斯写给弗吉尼娅·伍尔芙的信）：

亲爱的弗吉尼娅，我发现写信最困难的地方就在于它必须是线性的。我的意思是说你一次只能写或读一件事，就连记忆力也不能改变这个事实。然而我的思考方式根本就不是这样的。譬如，当写下一个诸如"neopaganism"（新异教主义）之类的单词时，我的大脑就如同被扔进了一颗鹅卵石的池塘一样，向四面八方溅起朵朵水花，而那水面上的波纹则会接连不断地流淌进我大脑那些已被遗忘的黑暗角落里。你不仅是个作家，还是个打印机，你终会明白，要呈现这种奇怪的现象有多难。也许有人会在一张大纸中间写上"neopaganism"这个单词，然后径自写下这几句话：

我为我年少时荒谬的行为感到很羞耻。

我为它们真的惹恼了你而深感抱歉。

但是几乎很难相信你当真了。

我想要辩护。

我想要反击。等等，等等。

你看到的这一切都是同时发生的，然而尽管如此，它也只是表面这样罢了。

我想说虽然它只是言语描述，但是与现代的思维导图已经很接近了。

查尔斯·威廉姆斯（1931）

接下来，我想向梅西·哈里斯·弗格森致谢，他用1931年英国发行的一部小说中的内容，对我那篇关于"谁发明了思维导图"的文章做出了回应：

"让每个人每五年必须画出他自己大脑的图像，也许这并不是一个好主意。当他标出了主要城镇后，基于一个想法又一个想法，他需要构建干线公路，还有所有他没有涉足的美好却荒凉的小径，只是因为它们通向的农场都太空旷了？""还有那些显示出他想要去的方向的箭头？"问着这些无意义的问题。

"它们会遍布所有的地方的。"安东尼叹着气说……

我查到这部小说是查尔斯·威廉姆斯写的《狮子的地位》。他在其中使用了有趣的暗示和引用，但这个暗示性的视觉导图只能算是早期的例子，而不是真正的思维导图——从这样的描述走到实际的思维导图模式还需要跨出相当大的一步。

华特·迪士尼（1957）

伟大的华特·迪士尼创造了精彩的商业导图。这里，我很谨慎地使用了"商业导图"这个词。虽然它看起来很像一种概念图，但我不会把它归为"思维导图"，因为它并没有展示概念是怎样联系的，也没有描述它们之间的关系，而仅仅展示了迪士尼公司旗下的商业个体是怎样实现互惠的。

这幅商业导图里面有无比清晰的商业幻想，此外，它的日期也很有趣——1957年：这是在康奈尔大学的诺瓦克教授发明概念图之前，在我把思维变成图像之前，甚至是在这些想法产生之前。

我是在彼得·杜克的"杜克传媒"那里偶然发现这个商业导图的，该图由迪士尼高管提供。

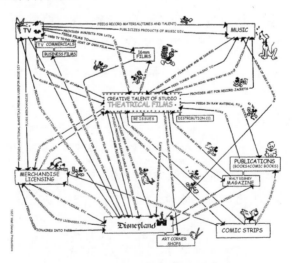

图15-18　华特·迪士尼创造的商业导图

伊芙琳·伍德（1968）

伊芙琳·伍德对某位阅读速度超快的教授做了一些研究，他采取准思维导图模式做笔记。伊芙琳是心理学教授，并且用她的名字开设了快速阅读和做笔记的课程，这让她的研究具备了商业价值。

东尼·博赞（1974）

BBC 电视台根据我的《启动大脑》制作了 10 集电视节目。1974年，这个节目向全球介绍了新的术语　　大脑模式笔记。同时 BBC 出版了我的同名书《启动大脑》。

在第 1 版《启动大脑》中，有我第一个准思维导图（见图 15-19），也就是大脑模式的例子，那是我在 1974 年 4 月绘制的。准思维导图很快就演变成了真正的思维导图。

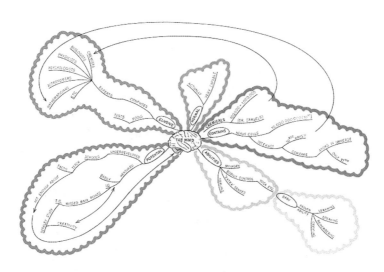

图 15-19　第 1 版《启动大脑》中博赞绘制的准思维导图

创意训练

1. 在你的笔记中加入各种颜色

永远记得给你的笔记加入多种颜色。不妨先从一支四色圆珠笔开始，等你逐渐掌握后再加入其他的颜色。不同的颜色会让你的笔记看起来更有趣，也会刺激你进行创造性思考，而且它会从真正意义上让你的生活多姿多彩！

2. 白日梦和晚上做梦！

不论是做白日梦，还是晚上睡觉时做梦，都会给你视觉方面的创造力添砖加瓦。思维导图形式的笔记，可以用来记录梦中的任何图像和想法。这会鼓励你在制作思维导图笔记时更加具象化，颜色更丰富。

3. 发散性思考

一周一次，选择任意一个你感兴趣的词或者概念，做一个像"FUN"那样的发散性思维爆炸游戏。这会帮助你将思维导图的技巧保持在一个良好的状态。

4. 绘制思维导图

无论何时，只要你有了创意上的问题等待探索，就可以画一个思维导图来助力思考。按照以下步骤来进行：

- 就像做"FUN"的思维游戏那样，快速做一个思维导图头脑风暴——加入各种颜色、图像和大脑所能想到的尽可能多的信息。这一练习最好能够快速完成。

- 在你的大脑紧张"思考"一阵子之后，让自己休息至少一小时。
- 回到刚才的思维导图，加入你想到的任何新想法。
- 再一次仔细观察你的思维导图，看看能否从多个分支上的想法中找到新的连接。
- 用不同的代号、颜色和箭头来连接这些想法。
- 找出新连接的中心思想。
- 休息一会儿，让你的大脑慢慢消化。
- 再一次观察你的思维导图，找出你现在能够看到的任何新连接。
- 回顾整个思维导图，决定问题的解决办法！

5. 保存思维导图形式的笔记

还有一位使用具象化的思维导图来记笔记的创意天才，他就是爱迪生。而他这样做的原因，正是为了效仿达·芬奇！

爱迪生被强烈的创造欲望驱使着，完成了一项又一项专利。他坚定地认为进一步提高自己创造性天赋的最好方法，就是追随他心目中的英雄——达·芬奇的脚步。爱迪生充满激情地记录自己的想法，有意地使用视觉化的插图。他创造性思考的每一步，最终积累成了3500本笔记。

6. 将思维导图作为一种创意交流工具

如果你需要做一个演讲或者是任意形式的讲话，使用创意思维导图能够保证你的想法得到很好的表达。

不管你的讲话是晚宴或庆典结束后的简短致谢辞，还是一个经过精心准备的正式商务演讲，一个创造性的思维导图对提高你的演讲水准都有很大的好处。线性表达、无聊、单调、准备不充分和不够幽默，这些都是一般演讲常有的问题，它们让很多人害怕在公开场合发表讲话，也使得听众很不情愿参与这样的活动！

然而通过思维导图，你可以尽情地释放自己的思维（同时也释放你自己），快速地整理思绪，按照合适的次序重组。在你开始演讲时，关键的想法和图像还能激发你更多的想象。这些都会让你放松下来，自然而轻松地讲话——当然还会让在场的所有人都感到放松，享受你的讲话。

7.思维导图和创造你的未来

在这个练习中，在你的思维导图的中央放上代表自己的图片或符号，将主要的分支设定为以下主题：技能、教育、旅行、家庭、工作、财富、健康、朋友、目标、爱好等。在这个思维导图中，你将创造自己理想中的未来——像你自己计划的那样来绘制你未来的生活，就像有一个神灯里的精灵帮你实现你的每一个愿望一样。

当你描绘好了这个理想中的思维导图后，请计划怎样让它实现。很多人试用了这个"创造你自己的生活"的思维导图方法后，发现结果极为成功。在描绘完这个思维导图的几年之内，他们发现自己完成了多达80%的计划！

8.绘制一幅只有图像的思维导图

绘制一幅只使用图像的思维导图——完全不使用任何文字！当只面对图像时，你的大脑内部会做出不同的交流和连接。在你探索问题时，你会看到用这种方法创造出的新连接，从而惊讶于它的创造性。（特别是在你读完第16章后，一定要试一试这个练习，释放你内心的艺术潜力！）

9. 思维导图中的色彩符号

找到在思维导图中使用不同色彩的四种方法。确立你自己的方法，用颜色或（和）文本表达联系、思维或时间的层次，人、活动以及紧急程度等。

10. 探索使用思维导图将怎样帮助改善你的生活

用思维导图来描述它是怎样帮助你的——在家里、工作时，以及在你生活里的所有领域（见图 15–20）。后面继续建立和拓展这个思维导图，随时加入你的其他想法！

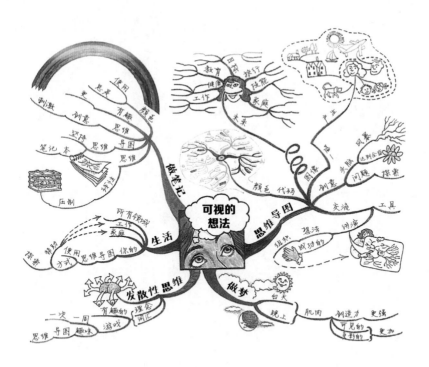

图 15–20　思维导图怎样帮助改善你的生活

第 16 章

你是天生的艺术家

本章将和你一起探索为什么99%以上的人会声称自己不会画画，以及这种错误想法出现的原因，还会向你介绍两位伟大的终级教师——达·芬奇和米开朗基罗，以及他们实现成功的方法。

成为艺术家是所有人（即意味着每个人）与生俱来的能力！

但为什么世界上超过 95% 的人认为自己并不具有创造力或者不可能成为艺术家，并且以为只有少数人才被赐予了神奇的艺术天分呢？

我在世界各地对这一现象进行了调查，结果令人惊讶。首先，不论接受调查的人群的国籍、种族、年龄和性别，调查得出的结果都是一样的。其次，对最重要的问题的回答都十分具有逻辑性，但也都是错的！

最能够证明 95% 以上的人都认为自己天生没有绘画天分的问题是——你是怎么知道自己没有这种特别的技能的？

你可能会有所怀疑，但是最常见的答案是，他们试过了、失败了，因此证明了这些能力并非为他们天生所拥有。

他们眼中的"证明"不过是他们想要尝试艺术领域的第一步，显然没有达到预期的结果。但是事实上，他们不仅需要再试一次，还需要有人告诉他们如何去进行第二次尝试。

下面的案例都是独一无二的。毫无疑问，你也可以成为这些主人公当中的一员。

画家之死

试着回忆一下 4 岁的你第一次迈进学校的时候。

那是一个美丽的秋天，你的老师走进教室，满腔热情地宣布今天你将步入人生中的第一堂绘画课。

你非常激动，你的脑袋里充满了美妙的图像，你迫不及待地想把它们表达在纸上——你拥有很多画纸，也有很多美丽的彩虹色铅笔、蜡笔，你等着用它们创作出你的第一幅大师之作！

老师又一次热情地开口："好了孩子们，你们准备好了吗？我要你们先画一架飞机。"

在你的脑海中，你能清晰地看见这架飞机的样子，然而想要把它画出来要难得多。所以在这一阶段，你作为一个4岁的孩子，还有周围很多和你一样大的、拿着画纸和彩色铅笔的小朋友，会怎么做？当然了，你会看看周围的小朋友们是怎么画的。

然而当老师发现你在四处张望时会说什么呢？

在我和同事的调查里，几乎每个人都有过类似的经历。

现在，想一想你在那个阶段到底发生了什么。这就像是你的父母终于等到了你学会说第一个词"妈妈"，然后回答道："我们就知道你会作弊！不许用我们的语言，自己造一个！"

当然了，没有父母会蠢到对自己的孩子说这些。为什么？因为他们都很清楚地、直觉地知道，大脑的学习过程首先是模仿。模仿是任何一种学习中最基本的步骤。这是我们的大脑获取基本知识模块的方法，然后才是我们自己独特的创造力。

这句话在绘画领域依然是真理。

让我们回到你的第一节绘画课，在那里你刚刚被夺走了最基本的学习能力。

沮丧的你继续不满而徒劳地挣扎着，直到规定的时间耗尽。当你"完成"了自己的画作，终于可以四处张望时，你看见了什么？

画得更好的飞机！

事实上，讽刺的是，大部分孩子都觉得别人画得比自己好，这是因为他们只看得到别人的画里最好的部分，和自己的画里最糟的部分。

在这个阶段，你的同学也许会围观你的画，让你意识到你自己想象中的大师之作并不存在。最不友好的人甚至可能会说："你画的飞机一点都不好！连机翼都没有！"痛苦和羞辱感一齐涌上来，而你正在萌发的创造力已经开始凋零。

下一个阶段是更多的痛苦。在接下来的两个星期内，你们班的墙上不仅没有你画的小飞机，你还因此受到同学的非难，甚至在接下来的两个星期你都得看着这架讨厌的飞机，它的存在每天都在提醒你自己是多么的无能和失败，也让你意识到了美妙的梦想难以实现。

一段时间过后，你的老师又一次走进教室宣布："孩子们，我们今天又要开始画画啦！"

你的大脑对此做何反应？

"不不不不不不不不不要要要要要要要要要要啊啊啊啊啊啊啊啊啊啊啊啊！"

你的大脑决定去翻翻画得好的小朋友们的作品，告诉你的朋友们你已经决定了，去看看别的伟大艺术家的作品，去看看窗外的世界，去做白日梦。你的大脑已经不想再画画了。为什么？因为它已经认为自己做不到了。

从这个时候开始，你天性中的那个伟大的创意画家会日渐萎缩，再也不要让这个美丽的梦被摧毁第二次。

尽管心中的画家可能已经悄悄藏起，但是你的梦想还依然存在着。现在，这个梦想又能够起飞了，就像从前一样。

画家的重生

在你 4 岁的时候告诉你这些是非常重要的："这真是一架有趣的小飞机！下一次能不能画个带机翼的呢？"你就会说："好的。"

理想的老师会告诉你："呃，你只需要在这里画两条线，再在这里画两条线，这样机翼就画好了。如果你想要画得更漂亮一点，可以去那边找小查莉，她可以画出很美丽的飞机，让她告诉你她是怎样画的。"

如果一直使用这种方法，你早就学会了如何画画（实际上也很简单），说不定现在早已成为一个够格的创造性画家。

这一章余下的部分将会重新点燃你的梦想，你会完成让自己、家人和朋友都感到相当惊讶的任务。

创意绘画游戏一（完成不可能完成的事）

在这个创意练习中，我将把你带回到 4 岁那年，重新开启你作为画家的职业旅程！为了确保你有一个公平的、全新的开始，你将用你不常用来写字或者画画的那只手来进行！

这是为什么？

因为你从来都不用这只手画画，这样你就会有一个真正意义上的重新开始。

这个练习的内容是这样的：在本书的第 126 页，你会看到一系列正方形。每个正方形标有数字和字母的序号，并且都画有若干不同长度的线条。这些线条中很少有直线。

第 127 页是一个表格，行号和列号分别为从 1 到 7 的数字及从 A 到 G 的字母。你的任务是：用你不擅长的那只手，将所有正方形中的线条小心地重新画到对应的方格中。当你完成后，快速地检查每一个方格，尽可能确保你画的和原图几乎一样。然后，只有到了这一步才可以，将整本书倒过来看看你刚刚画了什么！

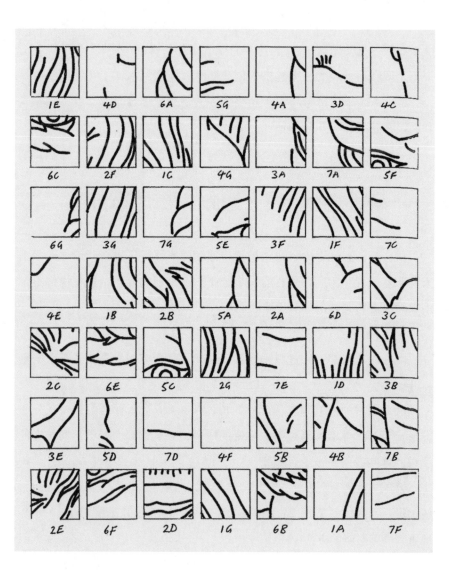

	A	B	C	D	E	F	G
1							
2							
3							
4							
5							
6							
7							

你难道不是一个创意天才吗？！！

仅仅是用你未经训练过的手，你就画出了一幅有条理的、像极了上一个千年最伟大的创意天才达·芬奇的作品！

为什么你能够做到呢？

原因很简单。你的大脑使用了一种你以前从未注意到的方法，这种方法是艺术家们（就像你一样）和创造性思考者（再说一次，就像你一样）天生就会使用的。这种方法不过就是让你的大脑和眼睛结合起来去丈量事物（它们的功能也本是如此）。当你的大脑只是客观地去做这些事情，不受任何论断的影响，诸如"我永远也不可能画得出这个""我不擅长画画""绘画只是感性的""我在绘画上一无是处"之类，实际上大脑只是单纯地看，单纯地估测，单纯地复制，从而自然而然地画出来，这是每个人天生就会的方法。

仔细想想吧——你刚刚画好的那幅画是你用那只不常用的手画出的第一幅画。想想看，当你经过了数天、数星期、数月甚至数年的技能训练之后，你的绘画水平会提高到什么样的高度？显而易见，你的水平会从起跑线跃至第一流的水准！

伟人的艺术秘密

现在是另一个惊喜……米开朗基罗和达·芬奇的惊人艺术秘密！

他们做了和你刚刚做的完全相同的事情！他们在画画的时候首先观察，然后计数、测算。请看一看下页的两幅插图。图 16-1 是米开朗基罗所画的一位健美的运动员。如果你仔细看，会发现右下方到左下方的地方有一些线条、记号和数字。这些是米开朗基罗像个科学家一样观察人体的构成，测算人体的比例，用线条和数字来引导自己，最后"填上"空白的部分。

图16-2是达·芬奇的素描,这一幅的绘画方法更加清晰明白。达·芬奇将马的腿部分成几个小部分,并且像你已经学到的那样,把马的身体分成基本的几个模块,然后画上最关键的线条。和米开朗基罗一样,达·芬奇也像自然科学家一样观察自然,用眼睛观察事物的天赋创作出了如今被我们称为"杰作"的作品。不论是米开朗基罗还是达·芬奇,他们都积极地培养自己的观察能力,然后按照数据画画!

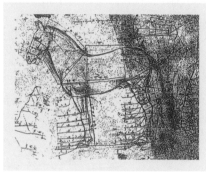

图16-1 米开朗基罗画的运动员　　　图16-2 达·芬奇画的马

伟大的艺术家并不是突然地或者自发地画画。他们首先要仔细观察自己想要画的东西,然后分析结构、测算距离,最后从他们的脑海中"复制"到纸上。的确,达·芬奇的素描让人们更愿意称他为大自然的复制者,而非虚无缥缈的、如同幻想中仙子一般的"艺术家"。

在下一个练习中你会有机会培养你获得的新技巧,但是首先这里有一个惊人的发现要告诉你:

你是如此了不起的艺术家,你不可能不会画画!

创意绘画游戏二

在这个创意游戏中，你会看到一些用来构建图画的图形，看起来很像小孩子玩的积木。

这些积木就是简单的椭圆形、三角形、正方形、长方形等。这个游戏的目的是让你能从自然界中任何一个最简单的图形开始，就像图16-3 的 a 部分所示的圆形、直线和曲线，你可以用任何形式加入任何你想要的形状，直到你的大脑"看见"了成型的图像。

使用你基本的艺术技巧来搭积木，随心所欲来完成图案的形态。当你做这个练习的时候，你可以看云，看被白雪覆盖的大地，或者木头上、石头上的花纹和闪烁的灯光，让你的大脑使用神奇的能力，把所有你看到的形状变成动物、怪兽、人的脸或者是风景。在图16-3 的 b 部分中你会看到 6 个基本的形状，其中的 4 个已经加上了一些简单的涂鸦。

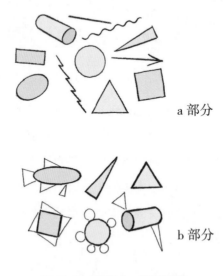

图 16-3　像搭积木一样完成图案

如果你希望自己添加图案，可以翻到第 135 页，看看同样的涂鸦在艺术家手里会变成什么样。有时候，将画纸转个圈，那些不同的角度和景象会突然变成一幅图画，它的"形状"也明朗起来。

现在，你已经有了足够的认知：你是具有创造力的，是天生的艺术家，你甚至可以用以前从未用过的手画画。你既学会了从古到今的伟大艺术家们进行创造的基本准则，也拥有了拓展你自己无限艺术创造力的工具箱。是时候让你做一个创意训练了。

创意训练

1. 涂鸦

在一张白纸上，用上述的积木图形随意涂画出一些基本的形状，直到它们形成一幅可以辨识的图画。

2. 学会创意艺术家估算距离的小窍门

你有没有注意过，当一个真正的艺术家在创作时，或者你在观看诸如梵高或者米开朗基罗这样的伟人的电影时，你会发现他们会做一些看起来十分古怪的事情，比如伸直手臂，举起手中的铅笔或者画笔，然后来回挥动那只手。你马上就会知道这些举动是怎样帮助他们画出伟大的作品的，你也会发现它们在你的创造能力发展过程中所能起到的作用。

当你和一群人在一起时，或者从不同的距离看别人，拿上一支铅笔或者钢笔，在一臂的距离举起它，然后用它来测量不同头部的"尺寸"。在你开始测量之前，估算一下头部可能占到铅笔的长度。

你应该这样测量：让铅笔顶端与头顶平行，再用大拇指沿着铅笔从上到下划到与人的下巴平行的位置。就像我之前提及的，你必须确保对不同距离的人都做了测量。

这项测试结果会让你得出科学的 / 艺术的 / 富有创造力的观察方法，所有的天才包括印度的、中东的、希腊的都不了解，直到 600 年前意大利文艺复兴时期，这种观察方法才被那些著名的创造性艺术家发现（见图 16-4）。

图 16-4　艺术家的测量方法

3. 你会画卡通画吗？你当然会！

在图 16-5 中你会看见一些卡通人物，它们代表了不同的面部表情。单纯地临摹，尽可能认真地进行衡量比较。如果你觉得它们中有任何一个不完美，不要擦掉，可以留着与以后的作品对比，利用你日益增长的见识，在几周之后尝试着再次临摹。

4. 练习

坚持练习用你的左手画画。一般来讲，用两只手画画（双巧手）是一种提高创造力的有效方法。你也可以练习画具有美感的积木。一周一次，涂画 5 分钟 ~10 分钟基本的积木形状，这样会让你的创意性艺术"肌肉"保持有型。

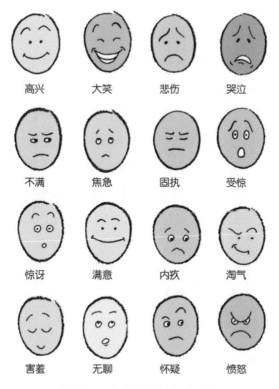

高兴　　　大笑　　　悲伤　　　哭泣

不满　　　焦急　　　固执　　　受惊

惊讶　　　满意　　　内疚　　　淘气

害羞　　　无聊　　　怀疑　　　愤怒

图 16-5　卡通人物的各种面部表情

5. 加入艺术班

既然你的艺术生涯已经开始了，现在你可以开始浏览绘画入门书，并且考虑上绘画课，或者是报假期美术班。这些既轻松又鼓舞人心。

6. 参观画廊

刚刚学完"艺术科学"，你可以开始参观画廊与博物馆，用全新的视角审视人类的作品。这些艺术家和你一样具备绘画的能力，幸运的是他们的老师早已把你刚刚学到的绘画技巧教给了他们。他们模仿他们的老师及其先辈们。你则可以模仿他们！

7. 学会怎样观察

不管什么时候，当米开朗基罗或达·芬奇出去散步时，他们都会特意关注那些搞怪的或漂亮的脸庞，引人入胜的大自然风光，古老的建筑等。当他们发现引人注目的东西，会全神贯注地观察它，然后闭上眼睛尽力去构思，最后再认真观察。第二次研究时，他们会把记忆与现实画面联系起来。就这样，他们周而复始地重复着这个动作，直到记忆与他们看到的完全一致，甚至他们都分不清自己的眼睛是睁开的还是闭着的。研究完（记住了）他们的观察对象后，他们会回到工作室把它们画出来（记录下来）。

你也可以玩这种非常有趣的游戏。当重复这个游戏时，你会发现你画画的能力提高了，并且同样重要的是，你的观察能力与记忆力也都提高了。

8. 进入艺术商店去探索

加入一个当地的艺术班，浏览所有你感兴趣的书籍与杂志，最重要的是给自己买一本素描本或笔记本，在上面草草记下你所有充满创意的想法，尤其是尽量用最多的图片组合。这样的话，你就可以真正紧随爱迪生或达·芬奇的脚步了。

9. 观察

如果你对自己是一位天生的创意天才有所怀疑，可以试着这样做：把你所见过的一切美丽、壮观、复杂以及超乎寻常的东西充斥于你的脑海。如果你在读这本书的时候感觉很有意思，那么你可以抬起头，也可以往四周看看。

这是因为我们的眼睛是用来观察事物的，并且它"就在那里"，所以当我们观察事物的时候，总是认为它就在那里，而我们也只是在看着它。

但是假如它只是"就在那里"，那它又怎么进入我们的头脑呢？

事实上你了不起的眼睛有 2600 万的光接收器，每秒能接收数十亿的光子，每个光子都携有图像。你的眼睛再通过视觉神经把这些图像传到后脑，在后脑中整个外面的世界又重新被创造。

换句话来说，几乎在你生命中清醒的每一秒，你富有创造力的大脑艺术大师就一直在绘制让你羡慕不已的完美图画。你所看过的每一张漂亮的脸蛋，白雪皑皑的山脉，每一次日落月出，每一朵花，每一个动物，每一只小鸟，都会在你的大脑中完美地重新呈现出来。

我的天才朋友，你已经创造并绘制了几十亿幅大作了。你的手只不过是想加入这种乐趣中来创造更多的作品，为什么不让它们试试呢？

图 16-6　完整的涂鸦

第 17 章

你是天生的音乐家

就像绘画一样，大多数人认为自己不具有音乐天赋，95%以上的人确信自己不能唱完一首不跑调的歌。本章将向你介绍这些错误想法为什么存在，该怎样克服它们并且释放你内心的创造力。

欢迎进入音乐的世界。在本章你会发现，为什么世界上大多数人都认为自己没有音乐天赋，认为自己不会唱歌。你会从自然界的音乐大师——鸟儿们那里学习到很多的东西，并且会发现原来在生活中，你至少演奏过两种复杂的乐器，创造过成千上万个音乐作品。不只是这些，在创意训练中，你还会学习到怎样去开发自身的才华。

从创造艺术的理念来讲，为什么全世界95%的人都声称"早就知道"自己没有音乐天赋，那又为什么有很少的一部分人具有这种天分呢，像艺术家或音乐家？

就艺术来说，人们曾经努力创造过音乐，只不过认为自己失败了。但是他们真的失败了吗？还不如说他们只不过是不知道天生创造音乐的秘密罢了。

为了获得一个更直观的认识，先让我们来看看鸟儿是怎么做到的。

鸟儿是怎样唱歌的

在19世纪初期，日本一位非凡的年轻音乐家铃木对鸟儿是怎样学会唱歌的进行了探秘。

在日本，成千上万的家庭都会养鸣禽，因此对鸣禽的需求量也相当大。铃木认为研究鸟儿是怎样学会唱歌的最佳场所就是去拜访一个养殖场，在那里有千千万万的鸣鸟蛋被孵成了小鸟。

令铃木惊讶的是，他发现这些小鸟天生并不会唱歌。它们会听一位"大师级别的"鸟儿歌手唱歌，而这只鸟是养殖员特意放在养殖场的；在无数次的尝试以后，小鸟们最终学会了唱歌，且跟"大师"歌手唱得一样好。

换句话说，正如艺术与艺术家一样，小鸟们不是因为不可思议的意外或巧合学会了唱歌，而是通过模仿最好的声音，并且要勤学苦练无数次才能修成正果。

铃木发现了一个真理，它适用于所有鸟类、其他动物以及人类的大脑：唱歌和制作音乐都是可以习得的能力，但是要通过不断的模仿与坚持不懈的努力才能趋于完美。

了解到这些之后，让我们再回头看看在你开始创意音乐制作的旅程中（成为创意音乐天才的过程中）会遇到的一些典型事例。

音乐家之死

再想象一下当你还在蹒跚学步时的情景。

那天春光明媚，你和朋友们在一个开满鲜花的公园里玩耍，公园里还散布着沙坑、秋千、攀援架等。人们有的在遛狗，有的在与朋友们闲聊，有的沉浸在春天的美丽之中。

此刻美丽愉悦的环境也感染了你，你和朋友们愉快地跑来跑去，体验着你才发现不久的超棒的乐器——你的嗓音。你们每个人的发音比歌剧演员的还要高，并且你们还在研究发出一个音调可以有多少种方式，这个音调能持续发多长时间，能发出多大的声音，可以有多少变化。

在听歌剧或交响乐时，听众彻底地投入其中，你的父母、你朋友们的父母叫你们小声点，不要大声喧哗，不要叫喊也不要尖叫，更不要打扰他人。你们就会认识到体验嗓音并探索它的极限是不好的，是反社会行为。

不久后的某次课上，你做作业太投入，情不自禁地哼起了小曲。老师立刻走了过来并让你马上停止，并告诉你做作业必须安静。你意识到了音乐与艺术、学习、效率都没有关系。

几年后，你越来越害怕发音，除非完全控制好。带着这种心理，你参加了音乐课上的音乐测试。你站在班级的前面接受公开测试。你的脖子、嗓子紧张着，由于害怕也变得口干舌燥。在这种情况下，你却被要求重复钢琴里弹的一个音符，你仓促之下便发了个相似音。评语上写着你的音高不够好，音调也没有达到学校唱诗班成员的水准。最终，不管什么重要人物来访，全体人员唱欢迎曲时，你都不能发出声音来而只能做个嘴形。

在你的音乐天赋又被遏制之后，有一天你发现只有在浴室这块宝地沐浴时，你才可以纵情高歌最喜欢的曲子。没想到此时从楼下传来"最不人道"的打断："你可以不发出这么可怕的噪音吗？"此刻你又发现你的音乐甚至让你爱的人都会感到不舒服。

现在所有这些"客观证据"都会让你确信你不是唱歌的料，你根本不会唱歌，也就不需要更进一步的发展了。你也就成了音乐方面天生的瘸子——"根本不懂调的人"。

但这是真的吗？这些证据就是铁证吗？有没有压倒性的证据来证明以上结论恰恰相反，反而你是一位多么了不起的创意音乐天才呢？

音乐家之重生

不管有多少"证据"否定你的能力，事实上你就是音乐上富有创造力的天才。并且，我们有足够的证据来证明这一点。

证据1：鸣禽大师们

让我们再回到铃木那里去。他不仅发现小鸟们是通过模仿同类中优秀的歌手才学会唱歌的，还发现每只鸟的大脑都有模仿的能力。换句话说，只要允许小鸟们反复模仿，成为歌唱大师只不过是轻而易举的事情，这自然而然成为学习的第二阶段。小鸟们达到这个初级阶段之后（我们很乐意认为熟练掌握只不过是初级阶段，难道不是吗），每只都能在这方面崭露头角。

相比你的大脑来说，小鸟的大脑是相当简单的。如果它的大脑都能模仿，那你的大脑肯定也可以。只要允许你的大脑去持续不断地模仿大师级歌手，那你也可以达到很高的水准。

每个小孩都会拉小提琴

铃木教非常小的小朋友拉小提琴，决定把他的理论付诸实践，他没有给他们任何乐谱方面的书籍，只是让他们模仿他拉小提琴的基本动作。他让其他老师也这样做，结果奏效了。

在21世纪伊始的今天，全世界有千千万万的小孩子都在学习小提琴或其他乐器，甚至使用铃木的方法来练嗓音。事实证明每个小孩都学得非常出色。相同的学习技巧也被用在了成年人身上，效果同样显著。

而你是唯一学不会唱歌的人的可能性是微乎其微的。你就是天生的创意音乐家！

证据2：你会说话——那你肯定会唱歌！

你会说话吗？ 你当然会。

你怎么学会说话的？通过模仿别人。

那你模仿什么呢？声音、韵律、节奏、口音、调子、词汇、音调、音律、乐章、高音、重音和停顿。

那这些组合在一起是什么呢？音乐！

如果你听一群人讲你根本听不懂的外语，你会觉得他们都是在唱歌。为什么我们这么多人都认为自己不会唱歌呢？这是因为尽管我们一直在唱歌，却被认为是在做别的事情：说话。

证据3：其实你至少已经会一种乐器

贯穿生命始终，你一直在用一种乐器——你的嗓音！事实上，你的嗓音这个乐器是一种令人非常震惊的复合体。它由你的嘴唇、嘴巴、舌头、喉、咽喉、肺、隔膜、牙齿、骨头以及头骨中所有的器官组成。

嗓音由数以亿计的零部件组成，它使最复杂的小提琴、吉他、钢琴、风琴、合成乐器以及其他乐器都黯然失色。从出生的那一天起你就一直在用它、更新它。你就是天生的创意音乐家。

证据4：你会的第二种乐器

你一生不仅仅只用了嗓音这一种乐器，还一直在用第二种乐器——你的耳朵。你的耳朵是另一个让人震惊的更为复杂的复合体。它也由成千上万个零部件组成，在创造力上与你的眼睛不相上下。

你曾经哼过的每一首曲子，你曾经听过的每一首歌或每一支乐曲，你曾经伴舞的每一曲流行音乐或梦见的每一支摇滚乐队，每一首曾经吸引住你的协奏曲或交响曲，你都是通过耳朵听到然后再在大脑里进行再创造的。

同样，你的眼睛能帮你完成成百上千的艺术大作，因此你的眼睛也一直在再创造以及再再次创造，（记住）你曾经在某处听过的每首歌曲的音符，而你的大脑也决定为了自己庞大的音乐博物馆进行再创造。

伟大的创意音乐家：是"天生的"，还是"后天的"？

在神话故事里，创意音乐家都被认为是"天生的"——他们从出生就携有这种音乐天赋。

这真的是大错特错！

历史小案例

贝多芬

1770年，贝多芬没有出生在一个音乐世家，但的确是出生于一个充满了音乐的时代。

大部分和他接触的人不是歌唱家就是钢琴家或乐器演奏家，他的父亲也尽可能给他提供最好的音乐教育。贝多芬曾向当时最伟大的一些音乐家学习（包括海德），这就叫"青出于蓝而胜于蓝"。

在贝多芬居住的小镇上，音乐是最为常见的表现方式：音乐家的街头表演，音乐会或家里弹奏的音乐，当地做礼拜时的教堂音乐。

就和你学会说话的方法一样，贝多芬与你并驾齐驱，付出同样多的努力，最终学会了语言的音符。你只需想想你的小宝宝或孩子在学习语言上花了多少个小时，或是一年有多长时间是用到语言的——贝多芬正是如此。

莫扎特

像贝多芬一样，莫扎特一出生并不会什么交响乐。他是专业的音乐家列奥波尔德·莫扎特最小的儿子。列奥波尔德是萨尔斯堡大主教的音乐总管，也是一名很有造诣的老师。

莫扎特从小就在最好的家庭教师那里学习音乐的语言，日复一日。就像贝多芬一样，莫扎特也在他选择的创意表达领域中异常勤奋，据说他经常一天学习18个小时。

巴赫

像贝多芬与莫扎特一样，巴赫也是一位异常勤奋且多产的作曲家。他经常被称为有"天赋"的音乐家。如果"天赋"等同于"勤奋"的话，他只不过是有"天赋"而已！

像莫扎特一样，巴赫1685年出生于一个音乐世家。家人们都教他音乐，尤其是在奥尔德鲁夫（Ohrdruf）做风琴手的哥哥约翰·克里斯托夫·巴赫，他不仅教弟弟风琴，还教他键盘乐器，巴赫正是沿用了他的这种风格。

巴赫家族有交流知识的传统，一代传授一代，到18世纪40年代这个家族已经有70名音乐家。这并不是基因成果，而是家族传统与互相教育的结果，在巴赫这里达到了顶峰。

巴赫过去经常给自己下达创造力目标，其中之一就是一周创作一次大合唱（包括独奏、唱诗班、管弦乐在内的中等长度的乐谱），即使生病了或筋疲力尽时也不懈怠。据说他曾经谦逊地对他的学生们说："如果谁跟我一样付出，那么他也会做得一样好的。"而他所谓的"付出"是指60年来每一天都要工作长达10小时~18小时——总共要工作32.85万个小时。

现在我们毋庸置疑的是，你的确天生拥有创造力，只是需要时间参加创意训练，彻底享受怡人的音乐旅程。

创意训练

1. 唱歌

重新在浴室里或淋浴时唱歌吧！带着更高的热情！如果有人抱怨，那就让他们教教你怎么唱得更好！

2. 跳舞

跳舞是你对自己天生的韵律感与不可思议的乐感的自然表达。你可以尝试一下所有的舞种，从迪斯科到健美操（这对你的大脑和身心都有好处），从爵士到交际舞。

无论你在哪里跳舞（通常跳得越多越好），通过享受旋律等多种音乐形式，以及学习新的舞步，你可以发挥出更多的创造力。

3. 给你自己买个乐器

到乐器店看看，给自己买个简单的乐器，像六孔小笛或邦加鼓。迪吉里杜管（澳大利亚土著的乐器）非常受欢迎，吉他和电子琴也是。

你可以通过听不同国家的音乐来扩展自己的音乐库，同时提高你耳朵对乐器的感知能力。你不久就会发现整个世界都极具音乐创造力。这会让你意识到，每个人都是有音乐天赋的，并且那些富有创造力的音乐表达形式是无穷无尽的。

4. 打破底线

你应该意识到了你的想法决定了你的现实情况与底线。如果你认为自己不会唱歌或演奏一种乐器，那你就真的不会了。此时你的底线是绝对存在的。然而，如果你觉得你会唱歌也有能力演奏这种乐器，那么你就有这个能力。此时你的界限是无尽的。

波士顿爱乐乐团的创始人及乐团指挥本杰明·桑德尔教授已经证实了这一理论。桑德尔教授在教育富有创造力的音乐天才们成为高级的音乐学徒上，有一套独特、精湛的手法。

在新年伊始，伴着和谐的音乐旋律，桑德尔教授给学生们致欢迎辞，并且着重强调他已经知道到年终时他们的成绩会是什么样的。

当学生们都听得很入神时，他突然高兴地宣布："你们都会得到一个A。"接下来桑德尔教授补充说："我保证你们都会得A的，你们中得A的人在接下来两周内要给我写封感言。你们可以想象自己刚以第一名的成绩从创意音乐进修中毕业了，并且在感言中写明为什么偏偏是你拿到了A；你为此练习了多少个小时；你当初的目标是什么以及你是怎样实现的；你当初犯了多少错误又是怎样纠正的，你采取了什么建议又是怎样应用的；在这旅途中你学到了什么人生真理；并且，既然你已经取得了最优异的成绩，那又怎样在学习与事业上取得更大的进步。"

最终，每个学生都按要求做了。每个学生全身心致力于这个计划的实施，每个学生也都得到了应有的A。

你也可以做相似的笔记，记录你是怎样开发你的创意音乐才能的。

5. 提醒自己"你是一名创意音乐家"

不断地提醒自己，你是一名创意音乐家。每当你听到鸟儿唱歌，你要记住它们是通过坚持不懈地模仿才学会的。每当你走路或跑步，你同样要记住你是在演奏"肢体音乐"。每当你坐立不安而狂躁地拍手时，你要意识到你就是一位打击乐器演奏者！每当你说话或与朋友交谈时，你要记住你是在唱歌，唱的就是四重唱。

当你对某事非常生气，开始拍桌子跺脚，最终升级到大吼大叫（声音越来越大，还用夸张的肢体动作来强调），你要记住：每个词绝对都是你想要表达的；也完全是用你期望的方式确切说明的；并且是用你预计的最大的嗓音说出来的；还有就是用你渴望的节奏与旋律拍出来的；整个过程完全是按照高音、内容、切分音和音量来掌控的。

换句话说，你这就是在唱歌！如果贝多芬与你共事的话，他给你创造了越来越浓厚的管弦乐器、木质乐器与弦乐器的音乐环境，你也可以唱出独特的歌剧咏叹调！（兴许会被命名为"疯狂的诞生"或"愤怒的根源"！）

6. 创造唱歌条件

既然你知道自己是一位创造型的音乐家，那就抓住每次机遇来表现。参加运动赛事时，你可以唱团歌或国歌。到歌厅去，不要只顾坐着听，要勇敢地站起来唱！不管你认为自己的开场有多么不好，坚持一下慢慢就好了。

在俱乐部或晚会你可以跟着音乐唱。当你在家时，可以伴着广播或光盘唱歌（演奏），也可以跟着电视主题曲唱。

如果你有孩子，可以和他们来场音乐"干扰"盛会，用上所有能发音的器材（键盘、平底锅、木头勺子等）。孩子们会很喜欢的，你也一样。

7. 可以考虑上音乐课

最简单的选择老师的规则是找一位有以下品质的老师：

- 首先他是位合格的音乐老师，并且你想学什么乐器，他都能很熟练地教你。
- 他要绝对相信，不管你想学什么音乐都能学会，并且会激情四射地积极教导你。

当然，你也可以尝试加入当地的音乐组合或歌手群，你会拥有令人振奋且改变一生的体验。

8. 传递好消息

既然你知道每个人都天生具有创意音乐才能这个事实，那就把这个好消息传播下去！

如果你的朋友或同事跑过来抱怨自己没有音乐天赋，你可以用从本章学到的东西，把他们从孤僻单调的不会唱歌的困境中解救出来。如果你这么做了，那么你的身边会有越来越多的唱歌、跳舞及演奏的音乐家们，从而让你的整个生活更像一部交响曲。

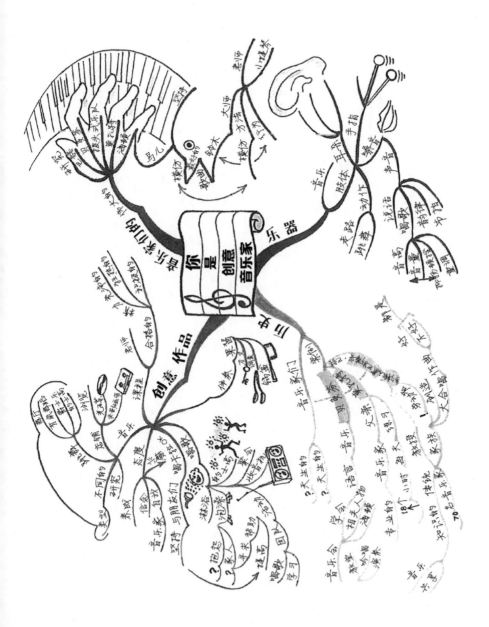

第 18 章

创造力——代表量与速度

在给定的时间内，你能产生想法的数量和流畅性是创造性智力的一个主要因素。本章将向你展示，如何通过学习伟大的创意天才们的方法来提高自己的创造力。

创新思维的流畅性，指的是你产生想法的数量及以怎样的速度产生。提高流畅性是所有创意思想家和天才们的主要目标之一。

这个目标本身会伴生一个问题——创意的质量。如果你开始加速思考同时产生更多的想法，那么你这些创新想法的质量会如何呢？质量是会下降、保持不变还是会上升呢？

答案令人惊奇（这也非常幸运）：随着想法的数量增加以及思考的速度变快，想法的质量也会上升。

换句话说，在创新思维中，鱼与熊掌是可以兼得的。

让我们来看看这些伟大的创意思想家是怎样做到鱼与熊掌兼得的。事实上，某些思想家们的思维量与思考速度是非常惊人的。

居里夫人——这位伟大的科学家不仅获得了诺贝尔奖，而且获得了两次——还是在物理与化学两门学科上。她的工作涉及的领域有磁力、辐射能、X射线（用于医疗的开发），她还分离出了化学元素镭与钋。

达·芬奇——在太多领域创造了太多的想法，以至于至今还没人能完全明白！

达尔文——《进化论》的创作者，不仅在这个学科上著有1 000页的书籍，还写了119篇关于其他学科的论文、书籍及小册子。

爱迪生—— 一生注册了1 093个专利，至今仍是世界上申请专利数量最多的个人。他还完成了350本记录自己工作与想法的手册。

爱因斯坦——除了精湛的论文《相对论》，他还发表了240篇其他科学论文。

弗洛伊德——写下并出版了330多篇关于心理学的论文。

歌德——德国伟大的博学家及天才，著作等身，在所有作品里一共用了5万个不同的词语。

卡斯帕罗夫——历史上最著名的国际象棋大师，是世界国际象棋比赛的常胜将军，并且不断地进行分析、存储与评论。

莫扎特——在简单的一生中，这位伟大的创意音乐天才创制了600多篇乐谱，其中包括40篇完整的交响曲。

毕加索——这位20世纪的创意巨匠创作了2万多个艺术作品。

伦勃朗——一生涉猎了许多社会活动，包括经商，还完成了650多幅油画以及2 000多幅绘画。

莎士比亚——这位创意天才被普遍视为历史上最伟大的英国作家，在不到20年的时间里创作了154首十四行诗、37部戏剧大作。

上面的例子打破了我们常见的谬论：天才们只会创造少许珍贵的想法，之后创造力便会耗竭。事实恰恰相反：随着生命的进程，他们从人生经历中获得更多的创造力，他们会产生无数的想法，并且效率也会提高。

那些伟大的创意天才们的大脑是否能不断涌出完美的想法呢？绝对不是的！他们做的只是产生想法。许多想法往往不是那么好，但偏偏就是这些不怎么好的想法带来了最好的结果。

虽说创意天才们不怎么在意质量，只是不断地产生想法，但事实上他们也在保证想法的质量。他们允许并促进自己的左脑与右脑交流，以此形成了一种协作且效果倍增的思想过程，这是所有知道怎样"使用大脑"的天才的特点。

引领我们走向天才的指导者达·芬奇，就是证明这一点的完美例子。他会在笔记本上胡乱写出头脑中随意闪现的想法，其中一些"天才般"的想法就是如此具象于纸上的。

达·芬奇的得意信徒爱迪生与他一样。爱迪生认为创意仅仅源于勤学苦练。他是这样描述创意天才的："天才是1%的灵感加99%的汗水。"

他实践了自己所倡导的！爱迪生经过 9 000 多次实验才完善了电灯泡，通过 5 万多次实验才发明了存储电池。

我们在新泽西州的实验室博物馆里发现了另一个证明——爱迪生完全致力于创造想法而不管是什么想法。当你身处其中，会震惊地发现一排排的、成百上千个留声机喇叭，几乎每个都是以尽可能想象得到的材质、形状、结构及尺寸做成的。它们看起来千奇百怪，形状有圆的、方的、多边形的，有胖的、矮的、高的、瘦的、直的、弯的，从美学上讲有丑的也有美的。

这些模型中的大部分都被爱迪生淘汰了：它们如今陈列在博物馆里就是对爱迪生忠于实验、勇于一次次尝试直到发现真理的最好诠释。

他对失败的态度最值得学习。例如，当他的助理问他，为什么失败了成千上万次还能坚持尽力去发现比照明灯泡寿命更长的钨丝灯泡？他温和地指出，自己从未失败过。在探索的旅途上，他只不过是做了不可避免的一件事，就是发现了成千上万个不奏效的东西。

产生新奇想法的过程非常像淘金。金粒就像河滩上无数的石子或沙粒。思想的河流也正是如此。

石子或沙粒代表你拥有的所有想法。淘金（最新奇的想法或方案）就是你必须要从思想河滩上的所有沙粒（想法）中筛选出真正有价值的金粒。

伟大的创意天才们深知这个道理。他们从成百上千个想法中筛选出真正有价值的那一个。迪安·基斯·西蒙顿研究了历史上 2 036 位创意科学家，发现了在当时来说令人震惊（但对现在的你来说可以理解）的事情：最受尊敬的科学家不仅创造了更伟大的作品，还比其他的科学家创造了更多不好的作品。

换句话说，伟人们只不过是比常人创造了更多作品，然后从中选出最好的。

那么，你现在知道了创造力的秘密吗？以更高的速度产生更多的想法，并且在提高数量的同时提高创意思维的能力。

是时候做创意训练了。

创意训练

1. 加快你的思维速度

大部分人都是以"常人"的速度思考，远远没有达到他们的能力极限。知道这一点并且稍微关注一下你的思维速度，你会发现你的创新速度自然而然提升了。

2. 记住——你产生想法的能力是无限的

还记得在本书前面做过的"趣味"训练吗？你还记得你为了逃避读书计划或为了任何你本该完成但没完成的任务编造借口的超凡能力吗？回顾你的生活并"清点"一下你做过的所有富有创造力的事情。你会发现你的创意越是丰富，大脑就会把创意闸门开得越大。

3. 对事物之间的关系越来越敏感

接下来你会发现书上散布着许多词语。"流畅游戏"就是让你随意挑选任一词语，再把这个词语与其他任何词语联系起来。

对每组词语尽量想出 5 处相似点，越多越好！如果你能在任一词组中找出 10 处相似点，那么做得非常好；如果找到 15 处相似点，你就达到了世界前 10% 的水平；如果找到 20 处以上，你已经证明了你是这一领域的创意天才。（在第 20 章会讲到更多关于大脑以及它产生联系的能力。）

4. 提高你的词汇量

每天你只需要增加一个单词，一年就可以学到 360 个新词！这就意味着你头脑里有 360 个中心点等你通过头脑风暴去联想、去捕捉、去抓住（联系）！

这不仅会增加想法的量，也会提高想法的速度。

5.搭积木的速度训练

重新回到第16章的创意训练，并再一次尝试搭积木练习，这次你可以加快速度。做这个练习时，你可以给自己设定好时间，确定一周一次或一月一次来玩类似的游戏，但你要确保每次练习之后让积木"成型"所花的时间越来越少。相信我，这个训练会让你的创意思维变得相当棒。

6.个人头脑风暴

当你灵机一动时，就让想法流露出来。用尽可能快的速度想出尽可能多的想法，在完成创意之前不要去理会这些想法好还是不好，实际还是不实际。

请注意：当你产生想法时，不断校正或自我否定是非常自然的事，而它们正是摧毁你创造力的"最佳"方式！

7.团体头脑风暴

这个过程与上面的个人头脑风暴非常相似。你要非常确信，不管这些观点有多么"不靠谱"，每个人自然很乐于说出自己的想法。

如果团体里有任何人开始批评任何观点，你要立即成为创意领袖，并且说："嗯，评论不错，但是让我们等到下一阶段再说，现在让我们继续产生想法吧。"

8.停下来加快速度

再次想想你是什么时候以及在哪里产生那么多新奇想法的，那些蜂拥而至的精彩记忆，还有那些突然闪现的解决方案？

通常是在你独自休息的时候。

为了提高你创意的流畅性，你要确保给自己创造这些"慢"场合。当你的身体在这种场合休息好了，你大脑的思考速度会自然提高，它就会为你做所有的事情！

9.在空白的笔记本上画思维导图

在你可能会产生创意的地方放好空白笔记本，如床边、书桌上、车里等，或确保你随时都会携带一个笔记本。无论什么时候，当你"突然产生创新的想法"时，要快速用思维导图的形式记录下来(请看第 15 章)。

你会发现仅仅通过随身携带便签本的方式，就能激发你的大脑产生更多的创意想法，就像身边有零食会促使你咀嚼一样。

10.给自己下达目标

在传统的头脑风暴会议中，平均一个人能想出 7 ~ 10 个富有创造力的想法，两天后一个团队能想出 120 个主意。

如果你从个人角度给自己下达 20 ~ 40 个目标，又从团队角度给自己下达 200 ~ 400 个目标，你会强迫大脑想出比平常更多的想法。你产生的想法越多，找到黄金的可能性就越大！

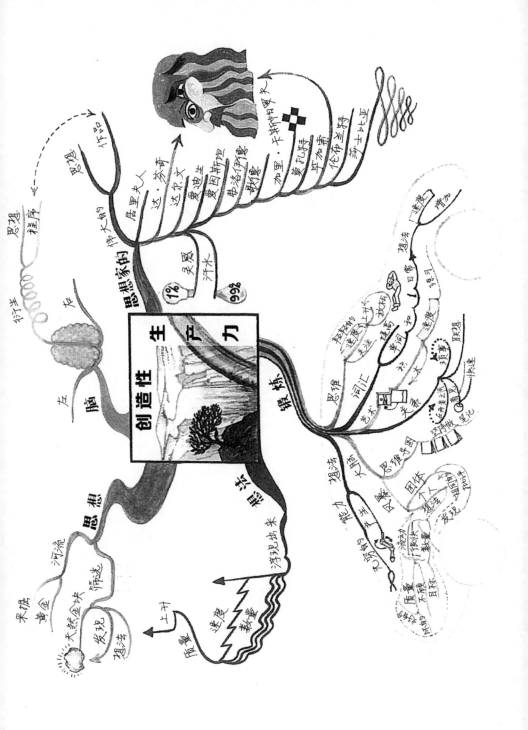

第 19 章
创造力的灵活度和独创性

人们缺乏创造力的主要原因是他们被教育只用一种基本的方式思考。本章将向你展示用"新鲜的视角"看问题的技巧,并向你论证你比想象中的自己要独特得多,最后教给你培养创造力的方法。

到目前为止，你已经了解到你的大脑是一个相互作用、超级复杂的工具，它注定是富有创造力的，并且通过左右脑相互协作的方式，你的创造力可以无限制地扩展，尤其是当你运用思维导图来展示你的想法时。

另外，你现在也知道了你在艺术与音乐上都是天生富有创造力的，并且知道你的潜力是绝对存在的，也是无穷的。

在本章你会学到如何才能从大部分人都会陷入的死胡同里走出来。我会向你们展示怎样从不同的角度看问题的技巧。此外，你会学到怎样发挥你拥有的独特之处，并使你变得更加独一无二。

总之，你会学到独一无二的创造力原则，从而把灵活度和独创性很好地统一起来。

扩展你的灵活度与独创性

创造力的灵活度与肢体的灵活度很相似，这意味着你的大脑可以随意轻松地向各个方向与角度畅游。

创造力的独创性是相对正常的想法而言的，具体来说，就是它有多么的不同、多么的特别、多么的独一无二、多么的非同寻常以及多么的偏离正常思维。

当你思考"独创性"时，值得考虑的是"eccentric"这个词。它是什么意思呢？"EC"是指远离，"centric"是指中心。所以 eccentric 是指一个人"远离中心"，也就是说不同寻常。在创新思维中，做到不同寻常是最关键的。

但怎样才能做到呢？

下面有 3 个主要的方法。

1. 从不同的角度看问题

一个正常人经常只从一个角度看问题——通常是他或她自己的角度。创意天才却能从无穷无尽的视觉角度看问题。这种从不同角度看问题的能力在许许多多的领域都是必须具备的品质，如诗歌、表演、教育和领导力。我会举一些精彩的例子来说明这一点。

历史小案例

泰德·休斯

英国桂冠诗人休斯是一位伟大的"自然诗人"。休斯不是从自己的角度出发创作关于自然界、动物及一切生物的诗集，而是从外物的角度来创作。在他诗集里，他会进入狐狸、水牛、美洲虎以及无数的鸟儿和鱼儿的思想中。

最终，休斯走进鲑鱼的思想世界，从而达到了创作力度与创作生命力的巅峰。

依靠没有重量的驾驭波浪的能量生存，

身体在最原始的海之自由中

不过是能量的铠甲，这残酷的令人惊愕的生命，

这携带能量的

满嘴盐味的真实存在，就像灯

朱迪·福斯特

朱迪·福斯特一生都是演员——这个职业首要及最重要的要求就是把自己想象成其他人。她3岁时拍了第一个电视广告后便一举成名，14岁时凭借在《出租车司机》中的表演获得奥斯卡最佳女配角提名。在她的职业

生涯里，她扮演了几十个角色，最值得纪念的是在《暴劫梨花》中塑造的一个受害者的形象，以及在《沉默的羔羊》中饰演的特工克拉丽丝。

福斯特一直全身心投入无数的角色扮演中，到20世纪90年代她开始转换角色，从镜头前走到了镜头后面，自编自导了电影，得到了一致好评。她始终是从多角度感受生活的，比如耶鲁毕业生、母亲以及精明的商人身份。

玛利亚·蒙台梭利

在18世纪末19世纪初，意大利一位了不起的年轻女性玛利亚·蒙台梭利得到了一个不同寻常的启发。当时的玛利亚已从意大利其他女性中脱颖而出，成为第一个获得医药学学位的人，而对意大利的其他女性来说，要到一百多年后才有可能实现。

玛利亚对孩子尤其感兴趣，她参观幼儿园和小学的时候发现了一个问题，改变了世界对年青一代教育的看法。

她意识到学校里的所有东西包括陈设与教的东西都是建立在成年人的观点之上：桌子椅子太大，太粗糙太沉了；事物的规则都是死板的——行为条例都来源于军队！颜色要么没有，要么就带着"官方"色彩；自然世界是不存在的；保持安静就是规定；提问是不被允许的；读书、写字、算术是唯一被教授的课程，而创造力是彻底不存在的。

玛利亚站在四五岁小孩的角度开始思考，为他们创造了一片全新的天地。

在蒙台梭利的学校，椅子、书桌、餐桌都是根据小孩子的体型来设计的；教室里色彩缤纷，摆满了可以观赏的各种漂亮的东西，它们有不同的质感与香味；自然界成为教室的一部分，有植物、水族还有宠物；这里会鼓励小朋友们做各种动作；提问也会得到奖励；每一次机遇都留给了爱提问的孩子，让他们去探索、表达与发挥。

仅仅因一个人从不同的角度来看待问题，整个世界的教育体系都实现了转型和得到了改善。

亚历山大大帝

亚历山大大帝在军事发明与战斗策略上永无止境的创造力为他赢得了"最伟大的军事指挥官""所有时代的领袖"等头衔。他非常善于从别人的角度看问题——这里的"别人"不仅仅指其他人，还包括动物。

有人告诉亚历山大，有一匹名叫布西发拉斯的骏马，从未被人驯服过。每个人都想知道亚历山大大帝是否是它的对手。

其实他也不是它的对手。

不过，不像其他人纯粹用蛮劲来对付这匹公马，亚历山大尝试去揣测它的想法。后来他意识到，其实布西发拉斯是害怕一个东西——它自己的影子。因此，亚历山大拉住它，让它的脸朝向太阳。当影子消失时，布西发拉斯就会变得镇定很多，亚历山大也就可以骑上它并最终驯服了它。

马丁·路德·金

20世纪五六十年代，伟大的黑人民权运动领袖马丁·路德·金，为了社会正义及消除美国的种族歧视与种族隔离而孜孜不倦地开展运动。他神授般的领导力和振奋人心的演讲鼓舞了成千上万人，许多美国人甚至外国人都去参加"无暴力"和"直接行动"来唤醒政府官员的良知。

金很善于从别人的角度出发看待问题：不管是那些穷困潦倒、正尝试着在与他们的白人邻居同样的条件下寻求工作的失业黑人，还是那些正担心养家糊口的白人劳工，以及那些试图讨好各阶层选民的总统和政客，他都能看到他们的问题，理解他们的观点，所以他才能有此成就。

2. 创造性结合

除了能从不同的角度看问题，伟大的创意天才们还会以别人无法想到的方式让事物与事物联系起来。我们继续举例子来说明这一点。

牛顿

每个人都知道牛顿是因为苹果掉在他头上而受到启发，开创了万有引力定律。这个民间传说几乎是准确的，但也不完全是。事实上，真实的故事有趣多了。

据牛顿自己说，他看见一个苹果掉下来（并没有砸到他的头），同时看见月亮悬在空中时，才得出了这个理论。

在他脑海浮现的简单而孩子气的问题是："为什么苹果掉下来了？"并且，更重要的是："为什么月亮不掉下来？""苹果掉下来的规律能适用于月亮吗？"

正是对这两个完全不同的"球体"的命运的研究，才触发了牛顿创新思维的发展，也成就了他理论的发展，至今他的理论仍是现代工程与科学的基础。

乔治·孟德尔

19世纪奥地利生物学家及修道士乔治·孟德尔，经常把大量的时间花在修道院的花园里，一边凝视着色彩斑斓的豌豆花，一边漫无边际地幻想着，最终发现了一个不同寻常的联系：不同颜色的花在外观上似乎都有联系，这与简单的数学进化有关联。

正是对这简单而又高明的关联性的观察，使孟德尔发现了生物遗传的基本规律（诸如为什么你有蓝色或棕色的眼睛等问题），这最终产生了数十亿美元规模的产业——如今的基因工程。

达·芬奇

一如既往，我们的创意导师达·芬奇还在这里！达·芬奇在创意思维方面最伟大的特点之一，就是能够找到事物与事物之间新奇的结合点。例如，他注意到秋天的树叶落在地面上时，树叶的表面会形成一层层的条纹，掉落的时间越久、腐烂越严重的叶子形成的条纹越深，而刚掉下去不久的叶子形成的条纹则较浅。

达·芬奇把这个发现与悬崖峭壁上不同的色彩层相联系，形成了地质学的基本理念。

3. 逆向思维

另一个找到事物间新奇的结合点的方法，是艺术地使用逆向思维。在逆向思维中，你会纯粹地把所有存在的东西都从反方向思考一遍。这个过程会产生意想不到的效果。

历史小案例

拳王阿里

许多人认为拳王阿里是过去一百多年里最伟大的运动员。所有人都用了创意思维技巧中的逆向思维来评判他的优点。

每个人都说体重大的人不能跳舞——他会跳！

每个人都说拳击的时候手要抬起来——他是把手放下去的。

每个人都说强壮的人拳击打不快——阿里却是有史以来打得最快的拳击手。

阿里的能力推翻了传统的理念，把运动领向了一个全新的创造水平。

迪克·福斯贝利

在19世纪60年代，一位年轻的美国跳高运动员迪克·福斯贝利与其他运动员一样，都是采用胸朝下跳跃的方式跳高的。然而，与其他人不一样的是，福斯贝利问了自己一个相反的问题："如果我背朝下跳跃会怎样呢？"

答案是他可以跳得更高！只是因为一个相反的假设，福斯贝利不仅发现了一个全新的跳高技巧，还永远地改变了运动形式，使得这种运动形式被命名为"福斯贝利式跳高"，而他本人也因为这个革命性的新技能而名扬世界。

米开朗基罗

米开朗基罗也许是有史以来最伟大的雕塑家，他也是逆向思维的施行者。大部分雕塑家及雕塑导师认为（并且仍然这样认为），他们的目的就是在一块无形的大理石上雕刻出一个形状来，而米开朗基罗认为恰恰相反。他认为完美的形状已经在石头里了，他的任务就是把没必要的大理石削掉，从而让已经存在的形态从石头的包围中显现出来。

通过这样思考，米开朗基罗让他的工作变得简单多了：不用强迫自己用意念去改造这块亘古不变的石头，只是做了想象力的奴隶，一路铲除，只为揭开隐藏在表面下的美丽。

现在你已经逐渐意识到，通过学会从不同的角度看问题，寻找事物间新奇的结合点，以及逆向思维，你能够产生许多惊人的新想法。

如果你能逆向思维，就会变得与众不同，变得不同寻常，或者说更加独一无二。在别人看来，你已经变成了一个非常特别的人，极富创造力，甚至就是一个天才。

创意训练

1. 听

当人们向你解释事情，或尽力向你展现他们对一个问题的看法或理解时，不要只听他们讲什么，还要"听听"他们是谁。尽量充分地从他们的立场去看其究竟想解释什么。

当达到这个境界时，你就会是一个"好听众"、热心有趣的人、值得信任的朋友，并且尽人皆知。同时，你提高的不仅是记忆力，还有从多重角度看问题的创造力。

2. 设身处地

这不仅是让你重视其他人的观点，还包括尝试从其他物种的角度看问题。不管什么时候，当你看见一只动物，请像泰德·休斯一样，尝试从它的立场看这个世界（还有你自己）。尽可能地发挥你的想象力，把自己带进任意一个对象的世界——例如，你用来喝麦片的勺子会怎么想？你马上要扔的球会怎么想？你即将要戴上的帽子会怎么想？你开的车会怎么想？你在观察的昆虫会怎么想？你在观看的星星会怎么想？

3. 颠倒生活

看看你生活的方方面面，考虑一下把所有的事情都颠倒过来会怎样！这会让你对自己的所作所为有全新的认识，并且会让你适当改变。如果你觉得满意或有益的话，可以对一些事情置之不理，任其发展。例如，如果你一般晚上去健身，那就尝试在用早餐之前去。或是交换房间，夜晚睡在客厅，而只在卧室里小憩。

你可能会决定不做改变，同样，你也可能会决定颠倒生活，因为这样做可以让你的生活更加幸福、富有创意和丰富多彩。

4.尝试新组合

重新布置你的家或生活：尝试新的食物；考虑用你通常不会用的颜色或布料装饰房间；重新布置家具；尝试新爱好，扩展社会圈。

5.学习讲诙谐的笑话

其实最好的笑话往往都是用一种崭新的诙谐方式，将两个毫不相关的东西联系在一起，或是用能让你笑趴在地上的方式，颠倒了通常的理念。幽默是一种极富创造力的行为，如果你与那些经常讲笑话并哈哈大笑的人在一起，那么你的创意思维能力会越来越好。

6.建立联系

在日常生活中，随意挑选两个看起来有很大不同的东西，然后发挥想象，尽力让它们之间产生幽默有趣的联系。

例如，你如何把拳击与昆虫这两个概念联系起来呢？拳王阿里做到了，在拳击比赛时，他能够"舞动如蝴蝶，蜇人如蜜蜂"！

7.把生活中不同的活动联系起来

托马斯·爱迪生是个非常好的例子。爱迪生的科学实验室像大谷仓，里面有许许多多不同的桌凳，这些桌凳上是他正在研究的不同项目。

爱迪生之所以这样设计实验室，是为了把每个正在进行的项目与其他项目联系起来。他认为在一个实验中做的任何事情，都有可能与其他实验产生意想不到的联系，非常能帮助他产生新想法。

同样，使用这种方法会让你意识到你的生活比想象的完整得多，也可以给你的生活添加新的创造力。

8.玩一玩寻找共同点的游戏

在聚会或节日场合，尝试让所有参与者做个游戏：寻找同一场景中的两个截然不同的事物之间最异乎寻常的联系。

9.利用在这里学会的技巧，创造一些更具有独创性的想法

浏览本书，让每个章节建立新的联系，然后尝试推翻你的想法！

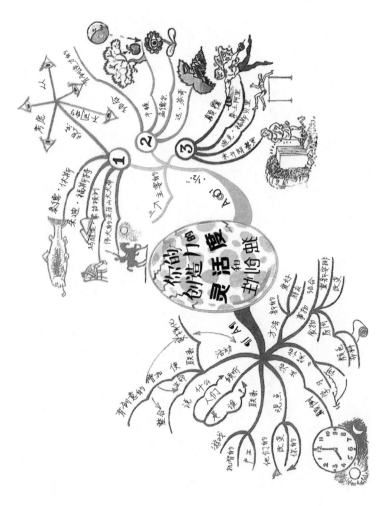

第 20 章

大脑是终极"联想机器"——
扩展性和发散性思维

创造性智力基于你在许多不同的想法和观点间创造联系的能力。本章会引导你完成一个有趣的连接游戏,在游戏的过程中,你会渐渐意识到可以用新的方法来拓展你的连接能力,并且会对大脑制造连接的能力惊讶不已。

你会从本章了解到创新思维最根本的奥秘，还可以玩创新思维游戏，这能让你对你的创意大脑、创意潜能和创造力的作用获得非常深刻的领悟。

现在，你也许会意识到之前内容里讲到的所有观点的关键就是——联想。

流畅性、灵活度、独创性还有逆向思维技巧，都是基于联想这个神奇的词语。它是所有创意天才们成功的秘密。

联想决定了你大脑思考方式的奥秘———一旦你意识到联想，并且知道怎样利用它，你就会发现你的人生将有无穷无尽的创意宝藏等着你去探索。

因此，本章的重点是延伸的创意训练。这些训练能让你欣喜、挑战你的学识、让你明白道理，更会让你大吃一惊。

创意训练

1.练习你的流畅性

快速诵读前 19 章里面的每一个创意训练，并给你认为包含联想的那个创意训练打上五角星。

2.联想——自我探索

在这个联想游戏中，想象自己是台超级电脑。别人要求你获取一条信息，并思考一下你和它之间的联系。当你找到这条"信息"并"获取"之后，让它在你头脑中停留一会儿，允许它探索你的脑海，联想会奇迹般闪现。

例如，当别人给你这个信息（假如是个名字）的时候，你需要问自己以下这些问题：

- 我能成功识别该名字的主人吗？

- 我要花多长时间才能"获得"这个信息呢？

- 我头脑中检索到的信息是以文字形式还是以图像形式呈现的呢？

- 我是从哪里获取这个图像的呢？

- 图像有颜色吗？

- 如果有颜色，它又是从哪里来的呢？

- 我是用什么看到颜色的呢？

- 从这种颜色能产生什么联想呢？

当你一边聊天，一边喝茶或咖啡，或与朋友们坐在酒吧里，你们的大脑会以闪电般的速度进行联想，极其有效率，也很顺利，你甚至没意识到自己正在做的是任何一台超级电脑都做不到的事，而这一现象全世界没有一位科学家可以解释。

你的大脑是个联想的奇迹！

你可能会意识到，你刚刚做的训练与在第 15 章做的关于"FUN"的训练很相似。它也证明了你的大脑能创作巨大的思维导图（其潜能是可无限延伸的）。

3. 思维导图

从现在开始，不管什么时候，当你有任何想法时，都可以制作一个思维导图。从前面的训练中，你会意识到线性笔记不仅是一个桎梏，甚至有可能把你的想法一点点斩断。思维导图能让你的探索大脑创作出范围内无穷无尽的关联宇宙。好好地利用它们吧！

4. 关联原则

贝多芬开发创意大脑的准则中，最重要的基石就是他的关联原则。

这一原则的基本观点是"每件事与其他任何事都有联系"。就像贝多芬写的：一切源于一切，一切组成一切，一切回归一切。

你同意吗？

如果你是那一小部分中不同意上述观点的，就要找出证据，用两个事物在某种程度上没有联系的现象，来推翻贝多芬的理论。

贝多芬把他的关联原则用在对我们周边的大自然的深刻体验和领悟上。这些领悟成为当代许多科学理论的基础。

下面是与贝多芬关联原则有关的两个例子。

第一，观察水面上层的移动是否与头发的飘动相似。后者有两个驱动因素：一个来自头发的重量；一个来自卷发。同样，水也有波浪卷，一部分水随着主流而去，另一部分则随着小波浪移动。

第二，水流拍击石头导致周围产生波浪，这些波浪会扩散直到消失。同样，空气受声音的影响也会产生漩涡。

请你按照贝多芬的例子，尽量去发现事物与事物之间的联系吧。

5. 列出用不到曲别针的地方的游戏

用 5 分钟来玩这个创意游戏。

在这 5 分钟里，尽可能快地写出你想到的，无论如何都不会用到曲别针的地方。

当你玩这个游戏时，请用你在本书里学到的任何一个可用的工具，确保给出的信息来自你强大的大脑，尤其是来自你学到的那些有关流畅性、灵活度、独创性和联想的信息。

你什么时候准备好了便可以开始。当完成这个游戏时，合计一下你想到场景的总数。围绕它们再想想哪个才是你认为最有创意的，并围绕它继续思考一番。

在传统的创意思维游戏中，能够产生 10 个以上的想法已经很好。

超过 20 个是超级棒。

然而，对你刚刚完成的游戏来说，结果却很不同：高分与相对较低的分都被认为是很棒的。

很明显，能产生许多想法是非常好的，证明你的流畅性、灵活度、独创性和联想技能得到了很好的发挥。

然而有些人发现正是这些技能引发了纠结，从而降低了他们的效率。例如，我在实施这个训练的时候，有个人认为曲别针无论如何都不能被用来喝饮料，然后她又补充说，人们是可以用它来蘸浓汤的；也就是说，尽管用这个方法有点慢，但还是可以用曲别针来喝饮料的。

现在回到你曾认为无法用到曲别针的想法上，尤其是那些最好的想法，你可以再问一下这个问题："我能在这种情况下利用某种方式来使用曲别针吗？"

6.因果关系

因果关系——现代科学的基础，再度依靠人类大脑令人震惊的能量，引起了联想。

你可以通过产生虚构的多组因果来练习你的创造性智力。例如，如果你看见一个人生气了，请站在他的立场并考虑他所处的特定环境，然后至少想出 10 个令他可能生气的原因。

同样，如果你看见一群鸟在空中突然呈尖角形飞行，请至少想出 5 种它们这样做的原因……

这种想象力游戏可以让你的生活充满精彩的创意，还可以增强你的想象力、创意写作能力以及讲故事的能力。事实上，一些优秀的犯罪与侦探小说家在进行写作前，会假设某事的发生，某事又导致了另一件事的发生。

7. 玩联想游戏

在这个特别的联想游戏中，记下一种职业以及与此职业相关的最主要词语，如高尔夫球运动员——高尔夫俱乐部，作家——笔，渔民——渔网，清洁工——垃圾桶，计算机编程员——计算机，足球运动员——足球，警察——警车，电视节目主持人——电视，屠夫——屠夫的刀，等等。

接下来，对这些职业以及与它们相关的主题进行拓展，然后设想一些富有想象力的场景，对这些新的联想进行有创意的扩展。

这是一个可以和朋友们玩得非常奇妙的游戏。你会收获出人意料的结果，也会收获许多欢笑！基于同样的规则，你还可以想出许许多多游戏。

8. 使用联想来提高你的记忆力

记忆力的两大主要基石是什么呢？联想与想象。我最近一直在研究大脑与智力这个领域，结果发现创造力与记忆力不像通常假设的那样是对立的，而是完全一致的。在发挥创造力时，我们会为了产生新的想法而做一些联想；在使用记忆力时，也会为了对旧的想法进行再创造而做一些联想！

从现在开始，请你使用从本书里学到的所有东西对自己的记忆能力进行再创造，并提高它！

例如，当你停车时，请把你的车与周围的环境联系起来（不是停在它旁边的车，而是永久性的东西）。同样，当你放下自己的一些小物件，不管它是钥匙、钱包、驾照、公文包、外套还是雨伞，你要做的是，把它们与所在的环境相联系，此时你会记住（再创造）它们被放在何种环境里，以及具体的位置。

有些人能够毫不费力地记住晚会中陌生人的姓名，正是使用了这一技巧——把这个人和他的名字，与自己之后能记住的（再创造）东西联系起来。

9. 在日常生活中体验联想

就像你在前一章的创意训练中所做的那样，在日常饮食、穿着或交友、度假时，体验一些新的混合。这次，你要让自己意识到，当这样做的时候，你正在体验并提高那奇妙而强大的联想机器的力量，也就是你大脑的力量。

10. "宇宙和我"的游戏

在这个练习中，你必须把自己放在"联想宇宙"的中心。每天，随意选个想法，然后想出 5 种或更多的可以与你产生联系的方式。

下面有一些好的想法可以让你开始这个游戏：

化学和我

太阳和我

月亮和我

摄像机和我

鸟儿和我

太空飞船和我

爱情和我

曲别针和我

地球和我

颜色和我

11. 你和动物们

另一个精彩的联想游戏是，按照下面的分类将你与尽可能多的物种做比较：哺乳动物、鸟类、鱼、爬行动物、昆虫。请注意每个物种间的相似点与不同点，并确定哪些物种与你或你理想中的自己更为相似。

这是一个能让你和朋友或同事们玩得很不错的游戏，也是当你遇见新的朋友或同事时打破沉默的绝佳方法。

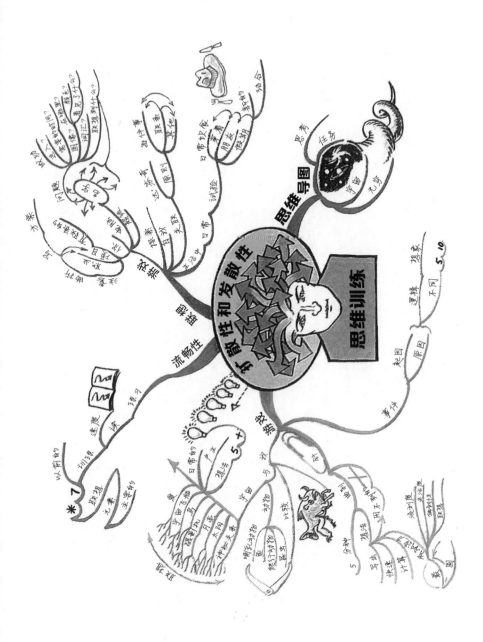

第 21 章

你是天生的作家

本章会教你如何使用在本书中学到的所有东西，来释放本自拥有的
在诗歌创作方面的创造力。你将会发现，既然你能够成为天生的艺
术家和音乐家，也可以成为天生的作家。

在本章我们将学习由已故的桂冠诗人泰德·休斯创造的一个技巧，让你想写多少诗就能写多少！

首先让我来解释一下，我是怎样开始相信自己在诗歌创作方面具有创造力的。

儿时的我对大自然充满强烈的热爱。这种热爱虽然体现在我当时的思想和行动中，耗费着我的心思和精力，却没能体现在诗歌方面，因为当时我和诗歌世界的关系并不融洽。

我对诗歌最初的理解是：这是一门令人困惑的、相对而言毫无意义的、枯燥乏味的课程。我不得不呆坐于教室，听某个缺乏趣味、自以为是的老师边朗诵这门"高雅的艺术"，边嗡嗡地说个不停。

我不得不绞尽脑汁去背诵诗歌，而对年幼的我来说，它们对我的生活毫无意义甚至毫无关联。随着年龄的增长，我和诗歌的关系更不融洽了。当我步入血气方刚的少年时期，已将诗歌归为专为身心俱弱之人开设的一门课程！

但之后发生了一件事情，改变了我对诗歌的态度，进而改变了我的人生。

那是在一堂英国文学课上，当时我刚满十四岁。我们的老师是一位身材矮小、相貌平凡、头发稀疏平直的女士。那次，课堂出现骚乱——我们和她各行其是，仿佛分属两个不同的世界。我们又喊又笑，四处走动，忽视她的存在，甚至嘲弄她或发出嘘声。

她说今天将给我们朗读一首她最喜欢的诗，这分明就是给我们更多的吵闹机会。当她把诗集贴到小小的白衬衫上，并宣布这是一首关于鸟的诗时，课堂更加骚乱不堪，我们更加肆意地喧哗。当她讲到这首诗的作者是阿尔弗雷德时，骚乱更加厉害。我们懒洋洋地坐着，摆出一副无聊、绝望的样子。

她最喜欢的诗歌！关于鸟的诗歌！是诗人阿尔弗雷德写的！世界上还有比这更糟糕的事情吗……

但随后，怪异的事情发生了，她好像被灵魂附体，似乎变成了另外一个世界的人。她的姿势变了，声音也更加洪亮。她沉浸在那个完全属于自己、充满爱的世界中，沉浸在她即将诵读的那首诗的梦境中。她开始吟诵，仿佛在施展催眠术："《鹰》，作者阿尔弗雷德·罗德·丁尼生。"听到这里，我第一次在她的课堂上竖起了耳朵。鹰是我最喜欢的鸟，而且阿尔弗雷德是一位爵士……

她继续吟诵道：

鹰

它用弯钩般的铁爪攫住巉岩[①]，

与太阳比邻于孤寂之地，

在蔚蓝世界的环映中屹立。

皱巴巴的大海在它下方蠕动，

它守望在它的高山岩壁，

落下犹如一声晴天霹雳。

——阿尔弗雷德·罗德·丁尼生

我仿佛被雷电击到。

我目瞪口呆地坐着，惊叹于丁尼生居然用如此精准、有力的笔法，如此完美地描绘了"百鸟之王"。我对这种笔法深为赞同，多年来，这些诗句像灯塔一样指引着我。那一刻，我对诗歌和人生的看法彻底、永远地改变了。我认识到，诗歌可以通过独特、有力、壮美的笔触来描绘出大自然的绝妙之美，还可以在某种程度上通过赋予自然其他的维度来拓展、放大它。

毫无疑问，诗歌可以视为一种源于自然且高于自然的艺术形式，它能

---

① 巉岩（chán yán）：一种陡而隆起的岩石，如悬崖或孤立的岩石。——出版者注

创造出更多的生命存在形式——诗文，从而创造出一个更为美妙、更为神奇的世界。和其他同龄少年一样，我找到了新的偶像，将阿尔弗雷德·罗德·丁尼生树立为人生标杆。

碰巧的是，随后的第二个周末，我在码头散步的时候，看到渔夫捕到一条非常漂亮的鱼，然后用鱼线末端的铅坠，把这条活蹦乱跳的鱼打得血肉模糊。由于我站得特别近，对这个生命的死亡看得特别真切。这条鱼在临死时直勾勾地看着我，这一幕一直在我的眼前浮现，我因为没有去挽救它而感到非常内疚。在此情此景下，我人生中的第一首诗《捕鱼》诞生了。它也开启了我诗歌创作的生涯。

捕鱼

它的眼神刺穿我的灵魂，

眼睛上的血不断凝结、干涸，

它咽下最后一口气，死了。

曾经看上去如此漂亮的鱼，

成为一堆肉末和支离破碎的骨头。

我走了，

垂钓者整理他的鱼线。

创造力和诗歌

诗歌是把流畅性、灵活度、独创性和联想这些原则应用到词语上，这个特点已经变得越来越明显。泰德·休斯在他的诗歌创作中，把这个技巧和思维导图很好地结合起来。

休斯想出了一个非常棒的方法来开发创意思维和隐喻思维，他用到的正是记忆体系和思维导图。首先，他教学生们简单的记忆体系，来向他们证明通过使用联想和想象，能让记忆力达到完美。休斯常常强调，学生们的想象越离奇（远离准则），记忆力越好。

打破传统思想对学生们的束缚之后，休斯鼓励他们自由发挥自己的想象力。他带他们完成了本书前几章提到的创意训练——把没有关联的词语联系起来。

他给学生们两个完全不同的对象（如"母亲"和"石头"），然后让他们做一个思维导图训练，类似于本书第15章的"FUN"游戏。

当学生们围绕每个概念想出10个单词后，休斯鼓励他们从其中1个概念的10个单词中选出1个，再找出这个单词与另一概念的10个单词之间的联系。接着，他们又开始找第2个单词与另一概念的10个单词之间的联系。以此类推，直到2个概念各自的10个单词之间都互相有了联系为止。令所有人惊讶的是：其中的许多联系都极其不寻常，非常富有想象力和挑战力，并且很感人。

学生们的下一个任务，是从他们所有的想法中选择一个最好的想法，然后写一个非常有创造力及独创性的文章，最理想的就是写一首诗。

"母亲——石头"这一对概念是休斯最喜欢用的训练之一。作为示范，我画了两个思维导图，并且根据这次训练写了一首迷你诗歌。

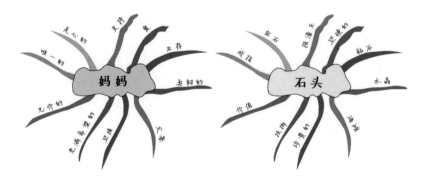

图21-1 博赞绘制的思维导图

谢谢

她与宝石亲密拥抱，

那皇冠上的，

她的宝石，

是我心目中的钻石呀。

泰德的另一个爱好是把"一个"人与"一只"动物并列。训练内容也是一样的：围绕第一个概念想出 10 个单词，围绕第二个概念也想出 10 个单词，然后找出它们之间最好的联系。

为了消遣，你可以在字典里任意选择几组"对立词"，在你浏览字典时至少找出它们之间的两层联系，或者对每个词都做思维导图练习，然后写一首富有创意的诗歌。

学到了伟大的创意天才们的技巧，加上思维导图帮助你开启诗兴，并且有泰德·休斯的方法指导，你现在可以来做下面的创意训练了。

创意训练

1. 玩诗歌联想游戏

根据前一页所讲的诗歌的创作方法，选一组你最喜欢的单词，写一首小诗，就像我在前面用泰德的方法所做的那样。

2. 诗歌和创意思维的技巧

回到丁尼生《鹰》这首诗，仔细检查，看看整首诗用到了哪些创意思维技巧。找出诗中吸引你的地方，并把它运用到你自己的诗歌创作中。

3. 寻找人生中有诗意的瞬间

秋天落叶飘落草地的美景，人们脸上稍纵即逝的表情，不同云层的形状与景象，穿过云层射出来的光束，活跃于各种场景的动物……多花点时间关注并思考这些东西，并想想怎么用诗歌来表达。

4. 创设诗歌写作的氛围

许多伟大的创意作家（包括泰德·休斯）都习惯写作时在旁边点上蜡烛。烛光是"创意冥想"的一个好工具，它会刺激你的大脑去关注美丽而善变的事物，还会让你喜欢幻想，并从中收获很多灵感。

5. 参加诗歌活动

去书店和图书馆浏览一下诗歌类书籍，选择一些特别能引发你创意联想的诗集。加入诗歌阅读和诗歌鉴赏俱乐部，或自己组织一个俱乐部！上网看看，诗歌在哪里繁衍，你就可以在哪里欣赏诗歌，也可以献上自己的作品。

让诗歌和富有诗意的想象力成为你生活中的一部分吧。

6. 买一个记录诗歌的笔记本

买一个非常好看的笔记本，把你富有诗意和创造力的想法匆匆记下。它的存在会促使你沉浸在那些伟大诗歌的源泉里，而充满创意的想象力也在等着你从中挖掘。

7. 写短诗

一开始，你可以尝试写短诗，如日本的俳句诗。俳句诗一般有三行，传统上由 17 个音节组成。俳句诗的理念就是你可以任选一种普通的物体、概念或情感，从一个全新的视角简单而又深刻地审视它。

举个例子，用"夏天"来做主题：

夏天：水星——炎热的太阳；

夏天：火星——干燥的冰块；

夏天：地球——天堂。

选一个你最喜欢的主题，以这种颇有诗意的形式来创作。玩得开心点，与你的诗歌打得火热！你要意识到诗歌并非总是很严肃的，它也可以被乐趣、欢声笑语等填满。

当亲人或朋友过生日、纪念日或办庆祝会时，你要抓住这个机会，给他们写首小小的诗歌或押韵诗，就像贺卡上的祝词一样。为了有所进步，你可以浏览写得最标准的那些，并且尽量提高自己的水平。

8. 发挥你五官的作用

我们伟大的创意导师达·芬奇也是诗歌和散文诗作家。除了关联准则，他还有另外一个杰出的发现——感官原则。达·芬奇认为当我们进行创意思考或写作时，应该开发五官，把它们用到创意表达中。

许多崭露头角的诗人和作家会陷入只使用一种感官的困惑——如"视力"。而当你创作富有创意的杰作时，五种感官应该都要用到。

9. 记住——你是天生的诗人

就像对艺术和音乐一样，你要不断地加强自己的信念，相信你就是一个天生的诗人这个事实。在你整个生命中，你的大脑一直都在创作，在构想诗歌和富有诗意的美妙想法。

现在是时候让它自由了。

允许它开始创作诗歌吧！

第 22 章

保持童真

为什么孩子学得最快最好？为什么孩子会被认为比成年人更具创造力？为什么许多艺术家（比如毕加索）都试图找回他们童年时的创造力？本章将给出这些问题的答案，并教你如何重新找到童心和创造力。

这章我们将讲述最具创意的人群——孩子们！

你应该能意识到，当你变得成熟后，我们反而希望自己更有朝气；当你变老时，会想让心态变得更年轻！本章会告诉你为什么重塑青春很重要。我们将动态地探索创意思维，并带你参加最后一步的创意训练。

童真

正如我们所知，爱因斯坦就像一个没长大的孩子。他总是对宇宙充满好奇心，经常会问自己有关太空、时间、宇宙和上帝的一些简单却又深奥的问题。与此相反，科学史上的另一位巨匠牛顿则被公认为严肃理智的、逻辑性很强的、令人生畏的科学家的代表。

但事实上，牛顿自己并不这么认为。他仅把自己单纯地看作一个遨游海滩的小男孩，时不时会因为找到了一个美丽的贝壳或发现了一块闪闪发光、五颜六色的石头而兴奋不止。

在牛顿看来，他那些所谓深奥的理论与领悟，只不过是一些美丽的贝壳和闪闪发光的宝石，而大海才是真理的海洋，对这片海洋他还没有开始真正的探索。

远离童真

美国犹他州曾开展了一个令人不安的实验，调查了不同年龄段的人使用创造力的情况。这个实验为了研究人一生的"创造力的发展"，对幼儿园孩子、小学生、初中生、高中生、大学生和成年人都分别进行了调查，来判定他们在多大程度上使用了创造力。结果令人震惊。

年龄段	创造力使用的比例
幼儿园孩子	95%~98%
小学生	50%~70%
高中生	30%~50%
大学生	
成年人	少于20%

你知道为什么实验结果是这样的吗？因为随着孩子们年龄的增长，我们在本书里提到的所有事情都会逐渐"淡出"他们的生活舞台，最终便留下一个创造力殆尽的外壳。

在盒子里？在盒子外面，回到盒子里！

用现在的话来讲,我们用来培训自己的方法其实是把自己的想法"关在了盒子里"。

当前的许多教育和培训越来越注重教我们"逃出盒子"。从某种意义上来说，这也是本书的目的。

不过本书强调的是让我们使用自己的创意思维工具，并且从另一个角度来看待这个问题。

在节日或纪念日时，父母们通常会抱怨买给孩子们的好玩具得不到他们的认真对待。比如有人对父母说：

"我们花了100多欧元买这么好的玩具，它具有一切新流行的小玩意儿和小配件,而孩子们只玩了15分钟就扔了。看看他们接着在做什么？他们在玩装玩具的盒子！"

为什么总是有这种事情发生呢？其实，这在情理之中。因为孩子们拥有惊人的富有创造力的大脑，很容易玩腻他们的新玩具。当意识到新玩具只是有些基本的并且通常是重复的配件后，孩子们则会很快开始寻找新的玩具。至于玩什么呢？当然是玩更加有趣的东西——盒子！

而你只需要想想，那个盒子对小孩来说可能意味着什么。它可能是：

- 可以带他们回到恐龙时代的时光机
- 可以带他们到宇宙尽头的太空飞船
- 一个洞穴
- 家
- 一辆汽车
- 一艘船
- 一个隐秘的避风港

现在，你可以使用自己孩子般的富有创意的想象力，至少想出 20 个关于这盒子可能会让孩子们想到的用处。现在就尝试写下来吧。

我们现在要颠覆现代教育的观念，不是"逃出"盒子而是要"回到盒子里"，因为在那里，有无限大的、可供我们开发创造力和想象力的游乐场——只要我们和孩子们一样知道怎样使用它。

在传统的创意思维的圈子里，"在盒子里"是不好的，"走出盒子"是很好的。从一个孩子的角度来看，当你"在盒子里"时，只要你有想象力，其实已经走出了盒子。所以本书的新观点是：只要你看得出自己是在盒子里还是在盒子外，那么你就赢了！

因此，从现在开始，你接下来的人生要遵循两方面的指导，那就是达·芬奇和童真，他们帮助你培养、开发及提高创意智能。

正如我所承诺的，这个训练就是孩子玩的游戏！

创意游乐场

1. 凝视东西

像个小孩子一样凝视东西。当孩子们凝视东西时，眼睛会吸收每个细节，然后把它们储存起来，等以后用在丰富而富有创造力的想象中。

2. 听故事

像小孩子那样寻找故事和讲故事的人，然后全神贯注地听故事。当你像孩子那样睁开眼睛、打开心扉专注地听时，幻想世界将越来越丰富，甚至富余到可以供将来使用。

3. 编故事

让自己那富有创意的想象力自由自在地发挥。你可以编造令人不可思议的神话故事和幻想，就像一个孩子那样。

4. 玩食物

我们经常告诉孩子们不要玩食物。他们为什么会玩食物呢？因为这是一种极好的具有多种感觉的乐趣。当我们说"不要玩食物"，实际上是在说"不要喜欢它！不要变成一位大厨"。

烹饪正在成为世界上最受欢迎及发展速度最快的爱好。令人高兴的是，更多的孩子正一步步地去享受"烹饪"的快乐。紧跟着他们吧！

5. 和孩子们一起玩

当你下次和孩子们一起玩游戏时，不要让他们跟你玩成年人的游戏，而是要玩能让他们完全掌控游戏大局的属于孩子们的游戏。你会发现自己的创意智能将得到无限拓展，你的身体也一样！

6.学习做新的事情

在生活中，小孩每一天的学习和实验都充满了创造力。你可以重建这种生活态度，探索更多，学习更多。当你重新养成这个习惯，在生活的方方面面将会更有创造力，也会更加充实。

7.给你自己一些简单的款待

孩子们最大的乐趣之一就是能够得到一些特别的小待遇，像一个有三种口味的冰淇淋卷，或是一个特意加热的刚出炉的硬皮面包。如果你一直都是一个"好孩子"，就用这些小小的但极其令人愉快的方式奖励自己吧。

8.使用"孩子们"的"一套工具"

孩子们用来登上知识巨峰的一套工具就是随时随地问问题，他们紧抓着这个问题的钩子不放。孩子们经常会问："为什么？""谁？""哪里？""什么？""什么时候？"他们正在发育的小脑袋凭直觉就知道，这些答案提供了绘制知识大图的千丝万缕的知识，而这张知识大图正是他们生活所需的。所以，请像孩子们一样问问题，并且和他们一样坚持不懈！

9.至少问五次"为什么"或"怎么样"

要养成连续五次问"为什么"或"怎么样"的习惯。问了第一个问题之后，你会有一个答案，再问这个问题时，请参考之前那个答案。这会迫使你的想象力与知识库得到扩张并且让你钻研得更深。重复这个过程五次，你通常会发现已经达到了你当前知识的界限，并且正向着必要的想象力、创意思维及解决问题的领域前进。

10. 你本质上还是个孩子

你一定要有这样的意识：不管人们说了什么，你本质上还是个孩子，并且一直都是。

地球上谁学东西最快？孩子们！

地球上谁最喜欢问问题？孩子们！

地球上谁最坚持不懈？孩子们！

谁对什么都会感兴趣？孩子们！

谁最有活力？孩子们！

谁感官最强？孩子们！

谁能从最简单的东西里得到最大的快乐？孩子们！

谁用最新奇的方式看事情？孩子们！

谁会有最令人震惊及最有独创性的联想？孩子们！

谁会使用左右脑？孩子们！

地球上谁最富有创造力？孩子们！

现在，你再次是其中一员了。

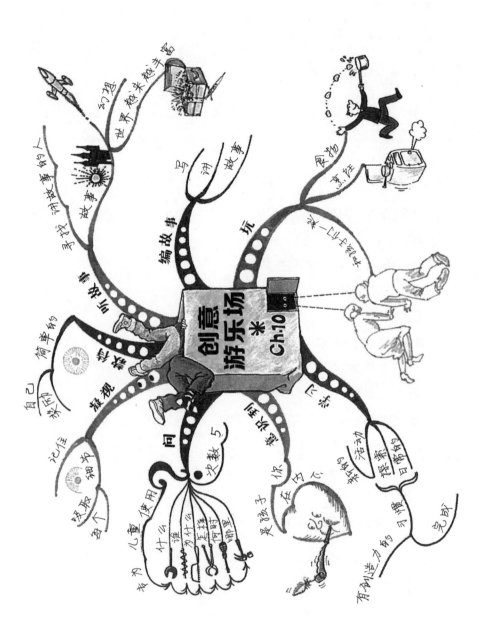

当我爱上记忆女神摩涅莫辛涅时，意味着我已经爱上了记忆力，并且最终，我也爱上了创造力。

东尼·博赞

第三部分

天才的思考方程式
——E ↔ M = C $^\infty$

本部分将向你介绍博赞在过去多年对大脑、记忆和创造力的研究过程中总结出来的天才思考方程式，并带你去探索这个方程式的来源以及奥秘。

第 23 章

思维的无限能量和潜力

本章以物质世界方程式$E=mc^2$为基础，以光速为参照，对人类的物质与精神世界做出具有重大意义的比较。通过阅读，你会明白相对于大脑思维的迅速，光速都会黯然失色。

思维的速度远胜于光速

爱因斯坦曾创建了物质世界最伟大的方程式——$E=mc^2$，且已经过严密论证，反映的是现实世界的本质、能量的本质、物质的根本属性以及光速的根本特征。它明确地表达了这样一种观点：我们赖以生存的宇宙是三维、有界的空间，被光覆盖并且受光速制约。

1905 年，爱因斯坦发表了具有创新意义的科学论文，创建了 $E=mc^2$。其中，E 代表能量，m 代表质量，c 是光在真空中的速度。自此，$E=mc^2$ 成为世界上最为著名的方程式之一。对这个方程式，即便没有物理学知识背景的人也有所耳闻，并且也知晓它在世界上享有盛誉，但大多数人不明白它的确切含义。

这个方程式表明，质量和能量是同一物质的两种存在形式。在正确的条件下，质量和能量可以相互转化。"正确的条件"指的是速度值接近光速。有的人觉得光速很难理解且不易测量，因为人类的身体运动相对光速来说，实在是太"慢"了：光速值为 299 792 458 米／秒，而人类短跑健将的百米纪录是 9.58 秒（速度为 10.438 米／秒），即 2009 年柏林世界田径锦标赛，由博尔特创造的百米冲刺纪录。

如果想知道某个物体具有多少能量，将该物体的质量与光速的平方相乘可以得出答案。但为什么要相乘呢？这是因为当质量转化为能量时，由爱因斯坦定义的方程式可知，物体须以光速运动。

接下来计算光速的平方。就能量的本质而言，这一步骤至关重要。当物体以当前速度的 2 倍运动时，消耗的并不是 2 倍的能量而是 4 倍。上述结果与动能方程式相关：动能 =（质量 × 速度²）/2。这里，读者是否注意到取值是速度的平方？因为光速（米／秒）的平方值是一个巨大的数值（早期的"物理学家"认为这是"很大"的值），约 8.988×10^{16}。

这就意味着，即便是小物体也能产生大能量。

在常规思维中，有一个占主导地位但很危险的错误说法，即人类最初以物质形式感知自身，所以总觉得太"慢"了。然而随着对大脑的不断深入了解，人们开始认识到相较于思维的速度，光速实际上略逊一筹。

在大脑神经连接体中，任一位置的思维可即刻与其他位置的思维相连接。而在物质世界中，思维的速度远胜于其在连接体中的运行速度。思维可瞬间在无穷的空间内飞驰，行进的速度无限大，几乎数十亿倍于光速。

乌龟和兔子是伊索寓言中的两个主人公，难以置信的是乌龟最后竟然跑赢了。然而在博赞的新寓言中，预想的速度在现实中得到了确认：

思维的速度如同迅捷的兔子！

光的速度好比慢悠悠的乌龟！

神奇数字——思维的潜在数量 ∞

思维是物质世界以外的另外一个世界，当今世界有近 100 亿人口，因此，思维的天地非常广阔。

不妨审视以下数字，大得惊人：

1. 光速（英里 / 秒）：186 282

2. 光速（千米 / 秒）：299 792

3. 光速（英里 / 小时）：670 616 542

4. 光速（千米 / 小时）：1 079 252 848

5. 星系中星星的数量：10 000 000 000

6. 宇宙中星系的数量：10 000 000 000

7. 人类脑细胞的数量：100 000 000 000

8. 单个人类大脑中轴突的数量：100 000 000 000

9. 神经胶质细胞的数量：600 000 000 000

10. 光速（米 / 秒）的平方：89 875 517 873 680 000

11. 光速（英里 / 小时）的平方：448 900 000 000 000 000

12. 单个人类大脑中的轴突终扣数量（注：平均值 100 个 / 神经元）：10 000 000 000 000

13. 在任一给定时刻，按连接体（10^{28}），单个人类大脑中突触的数量：10 000 000 000 000 000 000 000 000 000

14. 宇宙中星星的数量：10^{100}；10 000 000 000 000 000 000 000 000 000 000 000 000 000 000 000 000 000 000 000 000 000 000 000 000 000 000 000

15. 大脑中可能存在的神经通路：10^{100}；10 000 000 000 000 000 000 000 000 000 000 000 000 000 000 000 000 000 000 000 000 000 000 000 000 000 000 000

16. 大脑中潜在的思维数量：∞

此前我曾提到光速的平方与人类思维的速度相比，如同乌龟与兔子。现在，通过比较光速与人类思维速度、数量之间相关的真实参数，我们了解到：确实存在着真实的数值差异。其差异之甚，与其用乌龟和兔子打比方，不如用蜗牛和超音速飞机更为贴切。

第 24 章
探索超级记忆的奥秘

记忆持续不断地丰富和转化——几乎每一纳秒，人类生活中都会有新的经验、思想和关联产生，且不断吐故纳新。因此，大脑的实际记忆能力是真正无限的。

记忆是如何形成和检索的

技术创新在各高校的发展突飞猛进，如加利福尼亚大学洛杉矶分校（UCLA），早已做到了对人类大脑中单个神经元活动的可视化。纳米电极可以精确定位于单一神经元，当大脑给定想法时，可以确定脑细胞所产生活动的类型。

阿根廷神经学家罗德里戈的研究，揭示了人类海马体神经元的活动及记忆是如何形成与检索的。基于海马体和高级视觉区域之间的联系，罗德里戈开始观察视觉刺激所引起的反应，特别是那些为患者所熟悉或有关联的刺激。

例如，在某位曾是足球迷的病人身上，罗德里戈发现了一个对阿根廷球员马拉多纳有所响应的神经元。实验中，罗德里戈出示了马拉多纳的许多照片（不同环境、不同背景、不同姿势、不同服装），以验证神经元的响应是在看到所有的照片以后都一样，还是只针对某些特定的图片。最终他发现，大脑的确对这个想法本身有响应。

而在另一位喜欢观看探索频道纪录片的病人身上，他发现了能够响应动物图片的单个神经元。这些例子都表明，海马体中的神经元——大脑的颞叶结构，能对视觉刺激做出反应。

第一个实验所呈现的效果，同样表现在当一个病人在看到女演员詹妮弗·安妮斯顿的七种完全不同的形象（除形象外无其他刺激，包括其他人、动物或地方）时神经元所呈现的单一反应。当看到珍妮弗的几张不同图片时，神经元有响应，但当展示其他名人如科比·布莱恩特、朱丽亚·罗伯茨或奥普拉·温弗瑞，其他地点如金门大桥或者埃菲尔铁塔，或其他不同的动物时，神经元则无反应。仍然是同一位病人，他大脑的另一个神经元则对悉尼歌剧院的不同图像有响应，另一个神经元则对比萨斜塔有响应。显然，病人事先已熟知这些人和标志性建筑物。

这些实验展示了海马神经元编码的概念，比如对某个人或某个特定的地方。那么，现在的问题是，每一个人类编码的概念是否都对应着专用的神经元？一些神经科学家如罗德里戈就发现，不存在专用的神经元。试想一下：如果我们需要单一神经元为每个视觉冲击或概念提供依托，那么稍微计算一下就会发现，即使有巨大容量的神经元（超过 10^{11}），最终还是会用尽。然而事实并不是这样，研究表明，神经元通过大脑的自然语言灵活地形成各种丰富的思维图：图像和联想。

当你想谈论任何话题时，记忆引擎能瞬间抓住所有与主题和形式相关联的想法——各个相关的连接点和依存关系呈现了一个动态的三维图景——思绪在其间自由飞翔。

连接体：记忆具有无限潜能的新证据

人脑包含了大约 100 000 000 000 个思维之星：神经元。它们是微小的单元，但创建了复杂的大脑网络。它们极其微小——神经元胞体直径介于 4 微米至 100 微米。

单个神经元通常被认为是一个孤立的单元。最新研究证实，脑细胞是相对"孤立"的。

你大脑中一个个脑细胞都是由数百乃至成千上万共用的神经元错综复杂连接而成的。

就其本身而言，单个神经元不能做太多事情。但加入 1 000 亿个神经元，你就能获得至少 100 万亿个连接，这就意味着大脑具有无限潜能。大脑的数十亿个神经元像众多树种，有许多奇妙的形状，当连在一起时可产生思想和记忆。神经元是令人震惊的强大枢纽。为了人类记忆而相互关联：它们定义你是谁！

柏拉图把记忆比喻成蜡片，他认为蜡片是记忆女神摩涅莫辛涅的礼物。柏拉图断言，当希望记住任何东西时，我们持有知觉与思想之蜡片，收获想象如环形之章。

柏拉图把人类记忆想象为可塑的蜡片——能保持其形状（记忆）但也可以重塑，人类感觉丰富，总有生活的新篇章出现，记忆随体验而改变。

科学家推测，神经连接类似于柏拉图所说的蜡片。连接体是在任一给定时间，代表人类大脑连接点的快照。连接体非单点连接，而是很多点乃至全部连接。

人类的神经连接是一种物理结构，这一点已经能借助电子显微镜得到证实。像蜡片一样，这些结构足够稳定且长时间保持，但因大脑不断获得新的经验，它们又灵活多变。人脑通过神经元的连接创造记忆，通过构建丰富的思想、图像和其他感官输入网络来形成突触。

突触可以创建或消除。在 19 世纪 70 年代，许多神经科学家认为，人类成年后突触的消长会停止。目前，研究人员已经证实，突触在老年人的大脑中仍然可以产生，因此，神经科学家现在更加肯定了大脑的可塑性和延展性。诸多验证方法已经证明这一事实毋庸置疑，例如通过双光子显微镜。因此，连接体将持续不断地变化，贯穿于人类的整个生活。无论我们有多老，大脑都不会停止储存新的记忆。

你的连接体是某一刻生活的静止记忆图像。如果把人的一生比作电影，生活可以划分为若干个片断，片断又细分为帧，则每一个片断都体现了你一天的生活，而连接体代表了你生命中的每个帧。你的感受发生变化，连接体也随之改变，从而得到新的连接体感官，即使在你入睡时也是这样。连接体一直在变化，并不只是每一秒，甚至是每一毫秒或纳秒，而是每一瞬间。即使某些连接保持稳定，你的记忆也仍在不断变化。你看到的每一个新形象，听到的每一个新声音，感知到的每一缕香气，都改变着你的记忆。

最新的神经科学研究表明，记忆被储存为许多种不同的连接模式，通过复杂的细胞群和突触链得到支持。正如大脑的神经连接一样，这些细胞群也始终保持着概念与概念之间的关联。

记忆容量

人脑大约有 1 000 亿个神经元。平均每个神经元与其他神经元形成 1 000 个连接。因此，在某个时间的连接体约有 1 万亿个连接。如果每个神经元只持有单一的记忆片段，那你可能"只有"几百万兆字节的存储空间。

然而，每个神经元可以同时持有很多记忆片段，从而成倍增加大脑的记忆，存储容量接近 2 500 PB（或 1 亿 GB）。假设你的大脑是一个数字录像机，2 500 PB 足以容纳 3 亿小时的电视节目。全部的存储容量可以支持电视机连续播放 3 万多年。

然而，这种能力只是连接体在任一既定时刻的快照。你的记忆持续不断地丰富和转化——几乎每一纳秒，人类生活中都会有新的经验、思想和关联产生，且不断吐故纳新。因此，大脑的实际记忆能力是真正无限的！

25

第 25 章
新方程式中 E、M、C 的意义

接下来即将诞生一个新的方程式，巧合的是它也由相同的三个字母
构建而成：E、M和C。新方程适用于人类的认知能力，它决定了人
的行为参数并传递了思维世界的界限、本质及形成等方面的信息。

新方程式的诞生

经典方程式 E=mc² 的唯一用途是核能。其他所有领域的应用还停留在理论层面上，如天文学、宇宙学领域中的光速飞行就未付诸实施。而新方程式的不同之处在于，它更具实用性，兼具理论思维及实践的双重优势。

如果我们细品拉斐尔的名画《雅典学院》，若以二分法作比较，柏拉图扬手指向理想、理论和抽象，与此形成鲜明对比的是，亚里上多德的手坚定向前稍向下，表明他的研究是实践性的。柏拉图（达·芬奇被看作是柏拉图式的典范）强调的是理想的形式理论，亚里士多德则偏重实践，信赖可验证的数据，如观测宇宙学、海洋生物和希腊城邦。

毫无疑问，这造就了一个新的学派。一方面，我们有柏拉图和爱因斯坦所在的"团队"，基本上是理论和抽象的思想家。另一方面，我们可以把亚里士多德（公元前 384 年至公元前 322 年，但丁将之放入地狱中的大师）和东尼·博赞放在另一个"团队"中，极具创造力的新方程式是由东尼·博赞创建的（见图 25-1）。

图 25-1 记忆与创造力公式

你知道 E、M、C 分别代表什么吗？

可以通过选择如下词语中的一个（排序不分先后），来确定方程式中不同词语的含义。

E 的含义：

- 情感（emotion）

- 热情（enthusiasm）

- 能量（energy）

- 环境（environment）

- 生态学（ecology）

- 自我（ego）

- 经济（economy）

- 元素（element）

- 进化（evolution）

- 现存的（existing）

- 存在（existent）

- 存在主义（Existential）

- 证据（evidence）

M 的含义：

- 思维（mind）

- 地图（map）

- 精神的（mental）

- 质量（mass）

- 物质（matter）

- 运动（motion）

- 移动（move）

- 记忆（memory）

- 分子（molecule）

- 形而上学（metaphysics）

- 磁性（magnetism）

- 强健的（muscular）

- 变体（modification）

- 庞然大物（monster）

C 的含义：

- 协方差（covariance）

- 控制论（cybernetics）

- 混沌（chaos）

- 化学（chemistry）

- 计算（count）

- 创意（creativity）

- 通信（communication）

- 文化（culture）

- 资本（capital）

- 费用（cost）

- 培养（culture）

- 碳基（carbon-based）

- 分类（classification）

- 催化（catalyze）

- 气候（climate）

- 汇聚（converge）

- 有魅力的（captivating）

- 灾难性的（catastrophic）

为了锻炼思维，你可以花上几分钟做一些选择，估算一下方程中各个词语的具体含义。之所以要做这个小练习，是为了说明在给出答案之前，思维可以做出多种选择。

当我在探索学习前后的记忆时，方程式 $E \leftrightarrow M=C^{\infty}$ 也随之经历了数十年的演变，同时，我还研究了沟通、学习、综合、理解和思维的本质特征，最终赋予了新方程式真正的含义！

E 代表能量，M 是记忆，C 就是创造力。

整个方程式可以解释为：

能量注入记忆，能够产生无限的创造力。

E：能量

爱因斯坦对 $E=mc^2$ 中能量的解释基于物理学和物质世界，而新方程式的能量项也基于两个世界：物质的和精神的。

世界上一些主要的词典把"能量"这个词描述为：

● 牛津词典

◎体力或脑力活动所需的力量和活力。

◎来自物理或化学资源的利用，尤指提供光和热或工作机器。

◎物质和辐射的特性，表现为做功的能力（如引起运动或分子间的相互作用）。

● 韦氏词典

◎允许你做事情的体力或脑力。

◎动态质量。

◎行动或活跃的能力：智力能量。

◎积极的精神力量：能量惠及所有人。

◎权力行使巅峰：投资时间与精力。

◎一种基本的实体，在系统内部物理变化过程中被转移到系统的各个部分之间，通常被视为做功的能力。

◎生产可用功率（如热或电）的资源。

● 柯林斯词典

◎强度、行动或表达力的活力。

◎强烈活动的能力或倾向；活力。

◎剧烈的或剧烈的动作；劳累的。

◎身体或系统做功的能力，表现为它在改变某一特定参考状态时所做的功。它以焦耳来衡量（国际单位制）。

● 罗热同义词词典

◎强度，力量，精神，耐力。

◎热情，韧性，活力，活性。

◎激情，动力，驱动，耐力。

◎企业，消耗，火灾，强制力。

◎坚强，坚韧，主动，活泼。

◎力量，肌肉，力度，自发性。

M：记忆力

新方程式中的记忆力运用不是线性的、愚蠢的、死记硬背的活动——这几乎产生不了智慧结晶或积极效果，只能让记忆沦为"没用的"或不相干及冗长乏味的行为，还会降低个人学习、享受和创造的能力。

世界上主要的词典把"记忆"这个术语描述为：

● 牛津词典

◎存储思维和记住信息的能力。

◎可存储数据或程序指令以便检索的计算机的一部分。

● 韦氏词典

◎记住所学东西的能力或过程。

◎被记住的形象或印象。

◎通过联想机制再现或记忆所学内容并保留的能力。

◎存储信息容量。

◎从有机体的活动或经验中吸取并保留的东西，作为结构或行为的修饰或召回和认可的证据。

◎记忆或记忆的特定行为。

● 柯林斯词典

◎头脑储存和记忆过去感觉、思想、知识等的能力。

◎头脑所保留的一切的总和。

◎对事件、人等的特别记忆。

● 罗热同义词词典

◎思维，闪回。

◎认知，意识，潜意识。

◎正念，再捕获，识别，反思。

◎怀旧，滞留，回顾。

C：创造力

对人类来说，当能量被用来建造一个智能记忆卡时，其中储存的丰富多样且互相联系的图像和知识地图，使得创造力也同时出现：大脑通过使它含蓄的记忆力产生多重的关系来释放它所有的能量。

世界上主要的词典对"创造力"这个术语皆有所描述：

● 牛津词典

◎运用想象或独创的想法创造某物。

◎创造性。

● 韦氏词典

◎创造性的质量。

◎产生原创思想的能力。

◎通过富有想象力的技巧产生新事物的能力，无论是新问题的解决方法，新的方案或装置，还是新的艺术对象或形式。

● 柯林斯词典

◎有创造力的能力。

◎产生新思想的事实或表达。

◎思想创意的展示。

● 罗热同义词词典

◎聪明，天才，想象力。

◎智慧，灵感，创造性，独创性。

◎足智多谋，人才，视觉。

第 26 章
"记忆帽"与创造的魔力

本章揭示了天才思考方程式的深层含义，并明确了其中记忆力和创造力两者之间的关系——它们互惠互利，都是协同思考的产物。

记忆是创造力产生的关键

方程式 $E \nleftrightarrow M=C^{\infty}$ 明确显示，当我们把能量注入记忆发展中时，创造力将提升至无穷。

记忆的结构模式是产生创造力的关键。

在计算机存储器中，每次输入都会被存储在唯一的地址中。检索是查找地址并在指定位置搜索项目。但由于项目之间没有交叠部分，因此没有办法创造出新的关联。

对人类而言，尤其是当能量已能纯熟应用于构建丰富的智能记忆时，各类相关联的图像、知识以及创造力的导图就会自发地出现：大脑释放全部能量，潜移默化地使它的内隐记忆互相之间产生各种关联。大脑会自然而然地赋予人类填补不完整思维模式的能力，或者创造出比已存在于记忆中的输入更适合某种情境的全新模式。这就是创造的魔力，它将带来无穷的力量！

创造的魔力变成了从"记忆帽"中引出一些从未被存储过的、新的有价值的事物！

在记忆库中，如果你不对图像记忆进行检索，就需要重组记忆。再次体验记忆中的图像与初体验的形式迥异，但先前的经验不仅能丰富记忆，还能自发地将其联系到当前目标并以某种方式进行重组。记忆重构的本质决定了大脑能够进行自我调整与适应，以便在自然状态下完成创造性行为。当然，前提是这种记忆基于正确的方程式建立。

更多相互关联的、多样化的、感知性的、丰富多彩的、灵活的、原始的、突出的形象，适用于长期记忆。图像与图像之间潜在的交叠部分越多，就越能温故而知新，继而调整旧的想法迎合新情境或者产生原创的想法。

爱因斯坦着重指出："想象力比知识更重要。"

如果你不使用正确的方程式加以想象和关联，大脑自然语言的知识性就会日渐削弱、僵化、松散以至于迅速过时，甚至被淘汰。智能记忆，只有锚定于想象和关联的力量，才能产生无穷的创造力。

因此，创造力的关键是基于已有经验重构知识和创意的新网络以适应当前情境：寻找方法创造财富并消除饥饿；发明独特的产品；采用新科技提高寿命；谱写创意交响乐章；治愈固有顽疾；创造更好的社会；建设精神文化世界。

无限创意需要能量，使用正确的方程式加以想象与关联，为挑战能量无极限加满"燃料"！

"SMASHINSCOPE"记忆模式

我和范达·诺斯（Vanda North）开发了一个简单的系统，使你能够利用大脑皮层能力及感官，确保你在记忆工作中应用想象与关联。只需记住"SMASHINSCOPE"这一简单的首字母缩略词（它意味着"你的记忆力有无限的范围"），那么你将随之拥有记忆术所要求的技能。

S（Synaesthesia & Sensuality）：通感。无论你试图记住什么，如达·芬奇建议的那样，尽可能地集中各种感官于你试图记住和回忆的内容。

M（Movement）：运动。这会增加你脑海中记忆的图像数，如果你使图像运动起来，就能提升记住的概率。

A（Association）：联想。你的大脑通过联结不同事物来记忆。

思考任意一样事物，大脑立刻就能在其上加入其他的联系，正如你在"FUN"词语练习中那样卓有成效。如果你把想要记住的任何事物与你已知的事物联系，记忆技巧就显得尤为有效，从而产生"SMASHINSCOPE"的新图像，你可以毫不费力地迅速记住。

S（Sexuality）：性。每个人在这一方面都有出色的记忆。当你努力记忆的时候，不妨把它调动起来!

H（Humour）：幽默。使你要记忆的事物变得诙谐。幽默提供图像和运动，从而提升记忆的效率。

I（Imagination）：想象。这是记忆的基础。运用想象越多，记忆表现就越好。诚如爱因斯坦所言："想象力比知识更重要。因为知识是有限的，但是想象拥抱整个世界，促进发展，产生进化。"它也能产生更棒的记忆。

N（Number）：数字编号。数字提供顺序和结构，使你能将事物"放入"无限的记忆整理系统，从而便于提取和回忆。

S（Symbolism）：象征。使用特别刺激、形象和鲜艳的符号来代表你希望记住的事物，这将增强你的记忆力。

C（Colour）：色彩。彩色的笔记比起单色乏味的笔记更易被记住。色彩斑斓的人生比起枯燥乏味的人生更令人难忘。使用色彩将提升你的记忆力。

O（Order/Sequence）：顺序/序列。各种形式的顺序，结合数字的使用，会增加大脑整理系统的精细度，使它更像一个自动而精简的图书馆，而不是垃圾堆。

P（Positivity）：积极思维。当你处于积极的思维状态时，你的大脑和感官会对周围的世界和宇宙更为开放。在这种更为开放的状态中，它们的运行更加有效，使你能更清楚迅速地记住感官印象。这相当于生物学意义上的扩展记忆容量。

E（Exaggeration）：夸张。当你试图记住似乎难以记忆的事物时，把它在脑中的图像扩大，涂上绚丽的颜色，增加它的维度，并加速或减缓它的运动。这样你的大脑会留下更深刻的印象，因而更利于记忆。

当你以这些经过设计的方式开发记忆时，你会同时开发出所有的潜能——尤其是创造力及创新思维。

共生关系

在当代，学术界和文化界都把记忆力和创造力放在了完全相反的两端，普遍认为那些富有创造力的人记忆力都相当差，甚至几乎不具备此项特质，而那些拥有上佳记忆力的人则被认为创造力很薄弱、很匮乏。

事实上这种观点是不对的。学术界和所有文化领域形成了一种消极的共生关系，那就是一种技能的存在会否定另一种技能。

在一个理想的精神文化世界中，记忆能力的提高是普遍受到欢迎的。但自相矛盾的是，事实被证明不是这样的。"东尼的事业就是永无止境地与精神文明的敌人做荷马史诗般的战斗。抵抗那些对教育事业冷淡，把它推到次要地位的政客们；抵抗没用的学术和荒谬的教育方法，它们服从单调的白纸黑字般的简化论理念；抵制那些想摧毁独立思考的政权和组织；抵制那些政府官僚——他们有时候为了政治目的随意地拒绝精神文明。"

一个可憎的例子是，威尔士地方政府的儿童、教育、终身学习部（DCELL）在 2009 年公开拒绝八届世界记忆总冠军多米尼克·奥布莱恩向威尔士学校介绍我的记忆训练法，声称其全新的指导方针是基于过程的教育而非信息灌输和死记硬背。在追求对这种记忆力枯燥乏味的诠释时，威尔士人无意间与那些"在1964年联合起来指责年轻的东尼·博赞在测试中作弊的温哥华教授们"达成了一致，"东尼精心设计的记忆系统本该为他赢得'最优等'的荣誉，但那些教授判定他是作弊！"

记忆力和创造力是可以互惠互利的，并且一旦你深刻理解了两者，它们还是协同思考的产物。

第 27 章

E $\mapsto$ M = C $^\infty$ 与思维导图

由想象力与关联构建的原初语言既是真正的原始语言，又是一种元语言。本章从思维导图元语言的角度来论证E$\mapsto$M = C$^\infty$的重要意义。

元语言

约10万年前，当人类语言处于萌芽状态时，大脑开始创造"母语"并不断发展。人类的语言既不是咕哝和低吼，也不是粗暴的噪音和粗俗的肢体语言。一直以来，人们的观念中都存在着对大脑进化、思维和沟通的彻底误解，以及对记忆本质和创造性方面的认识误区。

目前已经证实，在我们生存的星球上，语言的数量要远远多于国家的数量，实际上人类有成千上万种语言。

创建"母语"是人类大脑的自然机能，借此人们可以在本地、周边乃至世界范围内沟通并交流看法。

现在显而易见的是，所有"母语"都不是真正的原初语言！它们只是基于现实存在的"原初语言"。以前被认定的所谓的原初语言实际上是语言的子例。

因此，让我们来探讨这个问题：什么是原初语言？

读者可以想象一下，如果自己是一台超级计算机，理论上数据库中的数据是无穷尽的。现在，假设我/本书即将给出一份数据，超级计算机的功能是访问给出的数据，访问及检查的部分如下：

1. 访问需要多长时间？（从下列选项中选择"超级计算机"所用时间）

a. 1 微秒

b. 1 纳秒

c. 瞬间

d. 立刻

e. 1 秒

f. 不到 1 秒

g. 弹指间（意思是"很快"）

h. 0.5 秒

2. 你想要的内容，超级计算机是否"打印"出来了？

a. 是

b. 否

3. 如果回答否，那么超级计算机显示了什么内容？

a. 图像 / 图片

b. 没有图像

4. 由超级计算机显示的以下内容是否已辐射出去？

a. 颜色

  i. 是

  ii. 否

b. 多感官关联

  i. 是

  ii. 否

以下是针对四个"原初语言"相关问题的现场调查分析：

（1）20 多年来，100 多万个"人类大脑"参与了调查，99% 以上的人认为数据访问最重要，选择的反应时间按得票多少排名，依次为 1 微秒、1 纳秒、瞬间、立刻、弹指间。

这上百万名被调查人来自几十个国家。他们的文化、年龄、职业、教育层次各不相同，性别、身体状况及宗教信仰也有差异，说着三十多种"母语"。

这些现场调查证实了，瞬间存取数据是人类大脑的自然本能，比最好的现代超级计算机还要强大。大脑的机能表现为对随机数据的访问，这表明大脑可以从无限的数据库中即时访问数据，也即大脑拥有无限的"数字"容量。

换言之，大脑保留和记忆所有数据的能力是无限的。

在运用 $E \rightarrow M = C^{\infty}$ 时，每个人都是天才。

（2）问题（1）中，有超过99%的人在现场调查中给出了相同的答案。而在这个问题的回答中，几乎一致性地倾向于"否"！超级计算机没有"打印"出想要的内容，为什么？看一下对问题（3）的反应就知道了。

（3）正如问题（1）、问题（2）所显示的，在上百万人中，有超过99%的给予回应：当访问数据通道"打开"时，自己的超级计算机显示图像或图片。本次调查再次表明了人脑与普通超级计算机相比，在能力和容量上毫不逊色的结论。

（4）无独有偶，问题（4）的答案又一次接近——超过99%的人的回答都为"是"。

现在，来自我们自身的"超级计算机"及现场调查的数据都证实了口头语言并不是"原初语言"。

原初语言是想象力与关联的结合，它是所有口头语言及书面语言的基础。由想象力与关联构建的原初语言既是真正的原始语言，又是一种元语言，这也正是本次调查的意义所在。

论证方程式

了解了元语言的本质，再来检查一下自身的"超级计算机"，你会发现元语言的同源语言——我们在思考着的"思维"。

若把大脑中元语言的过程可视化，即如下图所示，它辐射出多感官和色彩的关联。

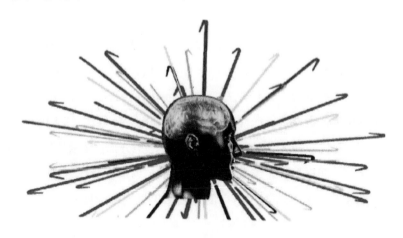

大脑思维方式的可视化表明，从根本上说，思维既不是线性或分析性的，也不是横向的，而是辐射性的。

于是，当思维形式化时，自然会产生人类思维及其元语言：思维导图。

现在看一看元语言同源内容的自然限制以及人类的思维潜能，不妨将其可视化：

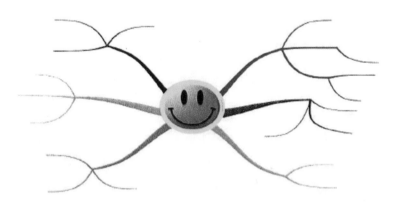

这张图片向我们展示了思维的基本结构。每个辐射分支可以扩展其关联。每个分支可以支持关键图像或关键字。

那么，这种思想架构可以融合人类的任何口头语言吗？答案是肯定的。这也再次证明原初语言是一种包含其他所有语言的元语言。

接下来更为重要的是关于人类大脑能力和潜能的实现。

在任何一个分支的末端，还可以产生新思想，放射出新的分支吗？当然可以！因此，每个分支都可以从自身开始，形成一个扩展的关联分支，再从一个新的分支辐射开去。旧枝生新枝，无穷无尽？当然可以！

所以从理论意义及可能性来说，每一个分支都可以继续无限辐射！

因此，大脑可以从任何原始的基本排序思想开始，无限地辐射思想。

因此，可能存在的思维数量是无限扩展辐射的无穷数。

思维导图证明，从其元语言的角度来论证，$E \mapsto M = C^{\infty}$是完全正确的。

在如今对人类思维结构可视化的研究中，你会发现任何分支的末端都出现了无限符号。我们可以再次直观地观察到，人类的大脑是无限之无限。

而我们需要做的事情就是用好它！

第 28 章
思维导图应用于天才方程式

思维导图是一种工具，在某种基本形式中，可以应用于各种形式的
思维的不同表现形式，尤其是创造力。

思维导图与创造力

人类大脑会自然而然地促使你填满那些不完整的思维模式所缺失的特性。你不会从记忆中检索一条存储的图片，而是会重塑它。记忆中的图像永远不是第一次体验它时的那个样子，而是同时被最近发生的事情所影响，并且根据目前的任务重新组装后的样子。记忆可重建的这种特性使得大脑可以自我调节，从而用一种自然方法来完成创意行为。

长期记忆中的图像之间的联系越多样化、越直观、越多姿多彩、越灵活、越具有原创性和越重要，它们与其他图像之间就存在越大的重叠的可能性，并且鉴于过去，人们可以有更多的方法来解释现在的图片，也就有更多的方法把以前的想法应用到新的场合或产生原创的想法。

因此，在 $E \rightarrow M = C^\infty$ 中，我们可以确认的是，把充足的能量（也就是想象力和联想力）注入记忆力中，可以产生丰富、大量的记忆，进而产生丰富的创造力。在这一过程中，我们不可避免会用到思维导图，而思维导图本身又可以总结上述的一切。

综合神经心理学、心理语言学、通用语义学，结合对认知天赋以及创意思维发展和教育的研究，我尝试开发思维导图。如今，它如同"瑞士军刀般的思维工具"的美誉已越来越被人们熟知。

我的第一个思维导图是一幅串联的图，探讨了认知思维，主要领域包括学习、阅读、记忆力、身心健康以及创造力。

随着思维导图的发展，它的成长也日益体现了学习、思考、记忆力和创造力的主要原则。与思维导图的进一步发展相伴，这两个原则性术语——想象和关联，也出现在了许多微型集群中，与创造力及记忆力在何时何地显现有关。

事实上，正是这两个术语（想象和关联）引领了思维导图的发展，我发明思维导图的初衷纯粹是将其作为自己最基本的记忆工具。

当我第一次把"想象、联想"这两个记忆工具介绍给我的兄弟巴里时，基于非常明确的发展方向及强大的记忆功能，我向他说明了思维导图所有的功用。他立刻意识到它的实用性以及作为记忆工具的强大效用。

后来，当我们一起讨论思维导图时，我的兄弟挑起了话题："为什么你开发和使用思维导图仅仅是为了达到加强记忆的目的？"巴里质问我为什么没有将思维导图应用于其他形式的思维，尤其是创造力。我尖锐地反驳道："思维导图的作用对象，最重要的就是我的'挚爱'——记忆力。"当时我对自己的研究充满自信，结束了争辩，还颇有点沾沾自喜。

不过，第二天上午我又想到了巴里的发问，于是再次将自己和巴里的论据在内心进行辩论，最后我被打败了，巴里的想法才是正确的！思维导图在某种程度上可以被用于思维的所有不同形式上， 尤其是创造力和记忆力。

这些年我越来越意识到，思维导图的基本原理与记忆力和创造力特有的基本原理很相似。

应用于创造性思维

虽然思维导图总的来说是一个创造性思维工具，但使用它时，你可以通过一个特定过程产生比传统头脑风暴至少多一倍的创造性想法。这一过程共有 5 个阶段。

1. 速射思维导图爆发

开始的时候，画一张起激发作用的中心图。你画的图必须是在一张空白纸的中央，从这个中心开始，你能够想得起来的所有点子都应该沿着它发散出来。你必须在不多于20分钟的时间内，让思想尽快地涌出来。

由于大脑必须高速工作，这就使它松开了平时的锁链，再也不管习惯性的思维模式，因而就激励了一些新的和通常看来明显荒诞的念头。应该接受这些明显荒诞的念头，因为它们包含了新眼光和打破旧的限制性习惯的钥匙。

之所以要用尽可能大的纸张，是因为有人说"思维导图会占去所有能用的空间"。在创造性思维当中，你需要尽可能多的空间，以便激励大脑喷涌出越来越多的思想。你的大脑会抓住机会填补一切空白，在任何创造活动中，纸张越大越好。

2. 重构和修正

短暂地休息一下，让大脑安静下来，好好地整合一下到目前为止生成的所有观念。然后，你需要再画一张思维导图，在里面辨认出主干（基本分类概念），合并，归类，建立起层次，找到新的联想。考虑一开始认为是"愚蠢"或者"荒诞"的一些想法，看看它们是否适应于思维导图的大框架——思想越是不受约束，结果就会越好。

你也许会注意到，一些类似甚至相同的概念出现在思维导图的外层边界。不能把这些概念当作不必要的重复而删除。它们在根本上是"不尽相同"的，因为它们所属的主要分支不一样。这些重复反映了深藏在你的知识库中却影响你思维方方面面观点的重要性。为了给这些概念适当的思维和视觉上的分量，应该在它们第二次出现的时候画上下划线，第三次出现的时候用一个几何图形圈出来。如果出现第四次的话，把它们用一个三维的盒子图形装起来。

在思维导图里把这些相关的三维区连接起来，就可以再造一个新意义框架，以新的眼光来看旧事实的时候，使其产生闪光的洞察力。这种转变象征着整个思想结构的一次巨大的瞬间重组。思维导图会像一个旅伴，一路上协助你发现新的思维范式。

从某种意义上来讲，这种思维导图看起来可能是"违反了规则"，因为中心图和主要分支再也没有中心意义了。然而，这样一幅思维导图根本没有打破规则，相反，它极大地利用了规则，特别是强调重点和图形的那些方面的规则。在思想的周边重复出现而找到的一些新观念可能会成为新的中心。按照大脑先搜寻而后发现的工作机制，思维导图会在距离你目前思想最远处的各个角落搜寻，以期找到一个新的中心来替代旧的中心。在某个适当的时候，这个新的中心又会被更新、更先进的概念替代。这便是你一直在探寻的新范式。

3. 沉思

完成思维导图第一次修正之后，休息时间应更长一些——真正让大脑安静下来。做点别的事情，可以散步、听音乐或者泡澡。灵感经常在大脑松弛、安乐时出现。这是因为大脑处于这样的状态时，会让发散性思维过程扩大到副脑最边远的角落里去，因而就增大了新创意突破的可能性。

纵观历史，伟大的创造性思想家们都曾使用过这种方法。爱因斯坦告诉他的学生们说，沉思应该成为他们所有思考活动的必要部分。发现了苯的凯库勒（Kekule）就把沉思和白日梦编入了他每天的工作日程当中。

4. 第二次重构和修正

经过沉思以后，你的大脑会对第一幅和第二幅思维导图产生一个新的观点。这时候，你会发现，快速地画一幅新的思维导图将非常有用，它可以巩固你刚刚发现的新创意。

现在你需要考虑第一、第二、第三步得到的所有信息以及你的第二幅速射导图，以便制作一幅全面的思维导图。

5. 最终答案

在这个阶段，你得寻找答案、决定或者结果了，这是你最初的创造性思维的目的所在。这一步常常包括了将最终的思维导图中分离的一些元素合并起来的工作，以期有新的发现和大突破（见图 28-1 "蜂蜜宫殿"）。

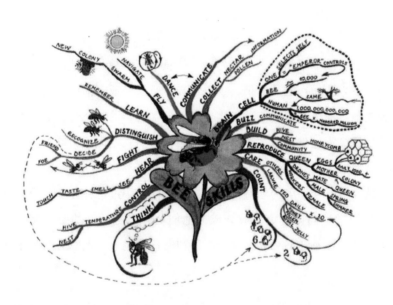

图 28-1 东尼·博赞根据蜜蜂酿造和使用蜂蜜的过程所绘制的思维导图——蜂蜜宫殿

第 29 章

相关的能量测试实验

思维导图的活力蕴含于整个E↔M=C[∞]方程式中：借此传递能量，建立智能记忆并推动无尽的创新。本章展示如何运用脑电波测量技术，通过实验论证思维导图的能量优势。

思维导图的能量优势

每当我们想到某个概念，看到某张图像，触摸某些纹理或听到某种声音时，自身就能基于大脑的原初语言——图像和关联，对记忆库进行扩充。

人脑中的元语言形象地表达了思维的层次结构，也描述了记忆是如何形成和检索的。

思维导图可以让你从记忆中找回想法并有效地管理这些记忆，在你的工作记忆"中转站"中创造出更丰富的思想和观念。相较于柏拉图的记忆蜡片，思维导图是一个更为鲜活的蜡片，类似于概念神经元的结构：有一个中心图代表主要内容，其次是一个涵盖图像、关联和关键词的层次结构。如果说连接体是人体任一时刻记忆的静态表征，那么作为连接体的子集，思维导图便是一种记忆的动态描述：它为思考和创意提供了一个强大的路线图。

因此，在使用方程式时，思维导图是正确的方法！

思维导图是你的创意灵感！

脑电波测量技术

最新和最先进的脑电波测量技术，已被用来比较文字和思维导图对同一主题显示出的优劣势。受试时，被测属性集中于所选择的主题和释放能力之上。该技术提供思维过程中的精确图形，记录了所有峰值和谷值瞬间。试验过程中该技术也融合了专注和沉思——应该在每 5 分钟或更少时间内测试。

迄今为止的结果是，在几乎所有的情况下，思维导图组得分更高。

单个样本数据并不具有广泛的说服力，但目前的趋势仍是一个有效的论据（注：包括所有得分的图表）。国际象棋大师雷蒙德·基恩 (Raymond Keene) 的注意分值 50.89，沉思分值 51.84，区平均值 51.11。当使用思维导图做同样的测试时，要比刚才的成绩增加约 20%，其得分为：注意分值 58.46，沉思分值 63.61，区平均值 60.78。

大约10年前，我学会了如何使用思维导图，并自那时起一直沿用这个方法。每次我借助思维导图工作时，都感觉轻松而专注，所以我想到应该是思维导图带我进入了某种精神状态。考虑到这一点，我开始研究大脑的活动，并发现了脑电波，所以我决定在思维导图的引导状态中找到方法来监测脑电波。

研究基于这样一个假设：当两种不同的智力活动出现时，脑电波在个体中的行为是不同的。在第一个活动（对照组）中，每个受试者被要求用传统的笔记形式写一篇作文，而在第二个活动（实验组）中，受试者需要用创建思维导图的方式来进行书写活动。我们使用最新的脑电图技术来监测脑电波之间的差异，同时，这项研究也被应用到受过思维导图训练的个体中。结果显示，具有较高思维导图专业水准的个体，相较传统的线性写作者，能表现出更为显著的价值。

实验

脑电波在不同智力活动中的表现一样吗？这是引发调查的问题。就研究领域而言，第一步是要获得最精确的 EEG（脑电图）装置。

实验组由思维导图的初学者和资深践行者组成。

测量包括从 δ 到 γ 的整个脑电波频率范围，如下所示：

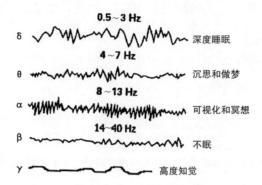

测试过程

一组 20 个人被选定为研究对象，实验步骤如下：

对照组

第一次测量（线性记录值）时，受试者手持黑笔坐在一大张白纸前，脑电图装置放在受试者的头部，以确保传感器正确定位在前额和耳垂。

给受试者的指令是："选择其中的一个主题，写一篇 5 分钟的体验文章。"

主题：

a）你最好的假期；

b）你最专业的时刻；

c）自由话题。

在这 5 分钟内，脑电波被脑电图程序监测和记录。

实验组

第二次测量（思维导图）时，受试者手持彩笔坐在一大张白纸前。脑电图装置放在受试者的头部，以确保传感器正确定位在前额和耳垂。

给受试者的指令是："选择其中的一个主题，写一篇 5 分钟的体验文章。"

主题：

a）你最好的假期；

b）你最专业的时刻；

c）自由话题。

在这 5 分钟内，脑电波被脑电图程序监测和记录。

结果

结论表明，实验组的注意力和沉思水平与先进的思维导图同步。

它们还显示了在专注力和沉思水平上使用方法的专业性与同步性之间的关联。在初学组，60% 的受试者（只有一周的思维导图工作经验）显示出较为显著的同步性。而在专家图谱组，有约 77% 的受试者（拥有超过 1 年的思维导图工作经验）表现出脑电波同步性。

在对照组（线性记录值）和实验组（思维导图）之间存在显著差异。相较思维导图受试者表现出的较高的相关性指数，线性记录参与者则在专注力和沉思力上具有极低的相关性。当专注力与沉思力呈正相关时，主体大脑思维模式中的 α 波呈现一致，创造力得到显著的释放，而创造力的窗口（大脑在产生原始创意上投入的时间比例）得到了极大的扩展。

一旦过程开始，尤其是当使用思维导图——调节大脑创意思维的功臣时，创造力进程会启动并与日俱增。

数据附表

1

分值＼组别	线性记录值组		思维导图组		导图组与线性组分值差之比较值
注意分值	35.33	分值差：	50.11	分值差：	0.72
沉思分值	49.58	14.25	60.4	10.29	
区平均值	42.2		55.01		

2

分值＼组别	线性记录值组		思维导图组		导图组与线性组分值差之比较值
注意分值	56.43	分值差：	40.68	分值差：	1.22
沉思分值	68.24	11.81	55.1	14.42	
区平均值	62.09		47.64		

3

分值＼组别	线性记录值组		思维导图组		导图组与线性组分值差之比较值
注意分值	69.1	分值差：	57.71	分值差：	0.52
沉思分值	45.77	23.33	45.63	12.08	
区平均值	57.17		51.43		

4

分值＼组别	线性记录值组		思维导图组		导图组与线性组分值差之比较值
注意分值	48.84	分值差：	53.02	分值差：	0.12
沉思分值	65.26	16.42	55.02	2	
区平均值	56.79		53.77		

5

分值＼组别	线性记录值组		思维导图组		导图组与线性组分值差之比较值
注意分值	65.23	分值差：	45.92	分值差：	7.82
沉思分值	67.8	2.57	66.03	20.11	
区平均值	66.25		55.74		

6

分值＼组别	线性记录值组		思维导图组		导图组与线性组分值差之比较值
注意分值	37.92	分值差：	51.3	分值差：	1.09
沉思分值	53.52	15.6	68.24	16.94	
区平均值	45.47		59.57		

7

分值＼组别	线性记录值组		思维导图组		导图组与线性组分值差之比较值
注意分值	47.87	分值差：	46.93	分值差：	0.35
沉思分值	62.76	14.89	52.08	5.15	
区平均值	55.06		49.23		

8

分值＼组别	线性记录值组		思维导图组		导图组与线性组分值差之比较值
注意分值	46.87	分值差：	55.76	分值差：	0.11
沉思分值	62.32	15.45	57.43	1.67	
区平均值	59.34		56.35		

9

分值＼组别	线性记录值组		思维导图组		导图组与线性组分值差之比较值
注意分值	73.36	分值差：	49.19	分值差：	7.39
沉思分值	75.17	1.81	62.56	13.37	
区平均值	74.01		55.61		

10

组别 分值	线性记录值组		思维导图组		导图组与线性组分值差之比较值
注意分值	43.68	分值差:	52.51	分值差:	0.13
沉思分值	63.53	19.85	49.99	2.52	
区平均值	53.32		51.01		

11

组别 分值	线性记录值组		思维导图组		导图组与线性组分值差之比较值
注意分值	67.35	分值差:	56.73	分值差:	0.34
沉思分值	47.91	19.44	50.11	6.62	
区平均值	57.37		53.16		

12

组别 分值	线性记录值组		思维导图组		导图组与线性组分值差之比较值
注意分值	44.63	分值差:	34.37	分值差:	3.19
沉思分值	50.33	5.7	52.54	18.17	
区平均值	47.23		43.23		

13

组别 分值	线性记录值组		思维导图组		导图组与线性组分值差之比较值
注意分值	47.52	分值差:	53.38	分值差:	0.74
沉思分值	56.16	8.64	46.98	6.4	
区平均值	51.61		49.92		

14

组别 分值	线性记录值组		思维导图组		导图组与线性组分值差之比较值
注意分值	62.97	分值差:	45.29	分值差:	1.28
沉思分值	59.17	3.8	50.17	4.88	
区平均值	60.8		47.5		

15

分值 \ 组别	线性记录值组		思维导图组		导图组与线性组分值差之比较值
注意分值	40.87	分值差：9.36	48.25	分值差：1.73	0.18
沉思分值	50.23		49.98		
区平均值	45.31		48.88		

16

分值 \ 组别	线性记录值组		思维导图组		导图组与线性组分值差之比较值
注意分值	43.88	分值差：7.59	58.75	分值差：5.16	0.68
沉思分值	51.47		53.59		
区平均值	47.44		47.5		

17

分值 \ 组别	线性记录值组		思维导图组		导图组与线性组分值差之比较值
注意分值	32.77	分值差：18.15	32.22	分值差：11.89	0.66
沉思分值	50.92		44.11		
区平均值	60.8		37.92		

18

分值 \ 组别	线性记录值组		思维导图组		导图组与线性组分值差之比较值
注意分值	55.96	分值差：1.29	42.82	分值差：10.25	7.95
沉思分值	57.25		53.07		
区平均值	56.35		47.69		

19

分值 \ 组别	线性记录值组		思维导图组		导图组与线性组分值差之比较值
注意分值	57.21	分值差：3.76	61.31	分值差：1.58	0.42
沉思分值	53.45		59.73		
区平均值	54.12		58.86		

20

分值 \ 组别	线性记录值组		思维导图组		导图组与线性组分值差之比较值
注意分值	50.89	分值差:	58.46	分值差:	5.42
沉思分值	51.84	0.95	63.61	5.15	
区平均值	51.11		60.78		

世界上学习本书的读者越来越多了，而你已经是其中之一！

想想你现在所处的那令人难以置信的强大位置吧：

- 你现在完全掌控着你神奇的左右脑的知识，并且已经开始加快了它们协调能力的发展。

- 你已经理解并掌握了世界首要的"最强大脑"——思维导图的原则，可以在所有的创意思维及解决问题的场合中使用它。

- 你已在艺术上获得了惊人的成绩，请用你能想到的所有方式来释放你的艺术才华，从而提高生活质量。

- 你把自己重新定位为一位音乐家，指尖（以及微小的脑细胞）都是大量的新兴"语言"。

- 你意识到你能够提高自己的创造力、思维速度和思维能力，并且意识到你在这些领域有无限的能力。

- 通过了解创造力的灵活度的本质，你已意识到自己比之前认为的更加珍贵，更加独一无二，并且仍在变得更有独创性，"只此一家"。

- 当你用终极创意天才——孩子的眼睛注视宇宙的时候，你的诗魂也就释放出来了。

当你通读本书后，会成就上面所述的一切。你也会越来越意识到你两耳之间拥有宇宙的终极联想机器：

你那令人震惊的极富创造力的人类大脑！

当你通往富有创造力的未来的道路上时，你将与历史上伟大的创意天才们同行，同时拥有旺盛的能量和创意智能。

祝你旅途愉快！

附录 A 智能测试参考答案及分值

多元智能测试2：语言智力

1. SEX，50分

2. SPUMANTE（其他都用于音乐描写），50分

3. A) CORTEX，25分

B) BRAIN，25分

C) THINK，25分

D) CREATIVE，25分

4. ADULTHOOD 或 MATURITY（不是 ADULTHOOD），100分

5. A) LION

B) TIGER

C) MONGREL

D) FELINE

E) CAT

MONGREL（其他都与猫科有关），150分

6. G（字母拼写成的单词是 COGITATE），100分

7. POUND，50分

8. CASALS，100分

9. ISTHMUS，150 分

10. STAKE（stake 一词可以表示"棍子"，也可以表示"赌注"），150 分

多元智能测试3：数学/逻辑智力

1. 23（它们依次增加 3），50 分

2. 69（它们依次减少 8），50 分

3. 200（左栏的数字与中间栏的数字相乘得到右栏的数字），100 分

4. 3 或 12（对角数字是两倍或一半的关系），100 分

5. 7（这个问题可以解码为：A=1，B=2，C=3……；这个单词可以拼写为 INTELLIGENT，字母 G（7）就是空缺的字母），100 分

6. 46（1 的平方，2 的平方，3 的平方，4 的平方……但是，对两位数字，位数要颠倒），100 分

7. 7（把右上数字与左上数字相加，然后除以 3，也就是 16+5=21，21÷3=7），100 分

8. 6（水平行上有两个数字是另两个数字的一半），100 分

9. 4（下层方格中的数字是其上的两个数字之和的一半），150 分

10. 45（交替加 2 和 10），150 分

多元智能测试4：空间智力

1. 图 1，c 边在顶部，100 分

2. 10 个，100 分

附录 B 东尼博赞®在线资源

"脑力奥林匹克节"

"脑力奥林匹克节"是记忆力、快速阅读、智商、创造力和思维导图这五项"脑力运动"的全面展示。

第一届"脑力奥林匹克节"于1995年在伦敦皇家阿尔伯特大厅举行，由东尼·博赞和雷蒙德·基恩共同组织。自此之后，这一活动与"世界记忆锦标赛®"（亦称"世界脑力锦标赛"）一起在英国牛津举办过，在世界各地包括中国、越南、新加坡、马来西亚、巴林也都举办过。世界各地的人们对这五项脑力运动的兴趣越来越浓厚。2006年，"脑力奥林匹克节"的专场活动再次让皇家阿尔伯特大厅现场爆满。

这五项脑力运动的每一项都有各自的理事会，致力于促进、管理和认证各自领域内的成就。

世界记忆运动理事会

世界记忆运动理事会（World Memory Sports Council）是全球记忆运动的独立管理机构，致力于管理和促进全球记忆运动，负责授权组织世界记忆锦标赛®，并且授予记忆全能世界冠军、世界级记忆大师的荣誉头衔。

世界记忆锦标赛®

这是一项著名的全球性记忆比赛，又称"世界脑力锦标赛"，其纪录不断被刷新。例如，在 2007 年的世界记忆锦标赛®上，本·普理德摩尔（Ben Pridmore）在 26.28 秒内记住了一副洗好的扑克牌，打破了之前由安迪·贝尔创造的 31.16 秒的世界纪录。很多年以来，在 30 秒之内记忆一副扑克牌被看作相当于体育比赛中打破 4 分钟跑完 1 英里的纪录。有关世界记忆锦标赛®的详细信息，可在英文官网 www.worldmemorychampionships.com 或中文官微 China_WMC 中找到。

世界思维导图暨世界快速阅读锦标赛

世界思维导图锦标赛（World Mind Mapping Championships）是由"世界大脑先生"、思维导图发明人东尼·博赞和国际特级象棋大师雷蒙德·基恩爵士于 1998 年共同创立。世界思维导图锦标赛是脑力运动奥林匹克大赛其中的一项，第一届的举办地点在伦敦，至今已举办 14 届。

世界快速阅读锦标赛（World Speed Reading Championships）始于 1992 年，并持续举办了 7 届。2016 年，第 8 届世界快速阅读锦标赛在新加坡再次举办。2017 年，第 9 届世界快速阅读锦标赛在中国深圳成功举办。快速阅读是五项"脑力运动"之一，可以通过比赛来练习。

了解赛事详情，请登录中文官网 www.wmmc-china.com 或关注官微 world_mind_map。

亚太记忆运动理事会

亚太记忆运动理事会（Asia Pacific Memory Sports Council）是由东尼·博赞和雷蒙德·基恩直接任命的世界记忆运动理事会（WMSC®）在亚洲的代表，负责管理世界记忆锦标赛®在亚洲各国的授权，在亚洲记忆运动会上颁发"亚太记忆大师"证书。

亚太记忆运动理事会是亚太区唯一负责授权和管理 WMSC®记忆锦标赛®俱乐部、WMMC 博赞导图®俱乐部，并颁发相关认证能力

资格证书的官方机构，了解详细信息请登录 www.wmc-asia.com。

WMSC® 记忆锦标赛® 俱乐部

无论在学校还是职场，WMSC®记忆锦标赛®俱乐部提供的都是一个有助于提高记忆技能的训练环境，学员们在这里有一个共同的目标：给大脑一个最佳的操作系统。由经 WMSC®培训合格的世界记忆锦标赛®认证裁判提出申请，获得亚太记忆运动理事会授权后成立的记忆俱乐部可以提供官方认证记忆大师（LMM）资格考试。请访问官网 www.wmc-china.com 或关注官微 China_WMC。

WMMC 博赞导图® 俱乐部

WMMC 博赞导图®俱乐部，由经 WMMC 培训合格的世界思维导图锦标赛认证裁判提出申请，在获得亚太记忆运动理事会授权后成立并运营。俱乐部认证考级是目前世界唯一依据世界思维导图锦标赛的评测标准所进行的全面、科学、权威的博赞思维导图®专业等级认证。请访问官网 www.wmmc-china.com 或关注官微 world_mind_map。

大脑信托慈善基金会

大脑信托慈善基金会（The Brain Trust Charity）是一家注册于英国的慈善机构，由东尼·博赞于 1990 年创立，其目标是充分发挥每个人的能力，开启和调动每个人大脑的巨大潜能。其章程包括促进对思维过程的研究、思维机制的探索，体现在学习、理解、交流、解决问题、创造力和决策等方面。2008 年，苏珊·格林菲尔德（Susan Greenfield）荣获了"世纪大脑"的称号。

世界记忆锦标赛® 官方 APP

世界记忆锦标赛®官方 APP 是世界记忆运动理事会授权，亚太记忆运动理事会为广大记忆爱好者和记忆选手们打造的大赛官方指定 APP，支持用户在线训练、参赛以及在线查看学习十大项目比赛规则、赛事资讯、比赛日程等信息。选手可自由选择"城市赛、国家赛、国际赛、世界赛"四种赛制,并可选择十大项目中的任意项目,随时随地进行自由训练。

目前,Andriod 版本已发布(IOS 版本敬请期待),APP 安装请登录 www.wmc-china.com/app-release.apk。

英国东尼博赞®集团

东尼博赞®授权讲师(Tony Buzan Licensed Instructor,TBLI)课程由英国东尼博赞®集团(Tony Buzan Group)授权举办,TBLI 课程合格毕业学员可获得相关科目的授权讲师证书。TBLI 讲师在提交申请获得授权许可后,可开授英国东尼博赞®认证的博赞思维导图®、博赞记忆®、博赞速读®等相应科目的东尼博赞®认证管理师(Tony Buzan Certified Practitioner,TBCP)课程。

完成博赞思维导图®、博赞记忆®、博赞速读®或思维导图应用课中任意两门课程,并完成相应要求的管理师认证培训数量,即有资格申请进阶为东尼博赞®高级授权讲师(Senior TBLI)。

高级授权讲师继续选修完成一门未修课程,并完成相应要求的管理师认证培训数量,可有资格申请进阶为东尼博赞®授权主认证讲师(Master TBLI);另外,提交申请获得授权后可获得开授 TBLI 讲师培训课程的资格。

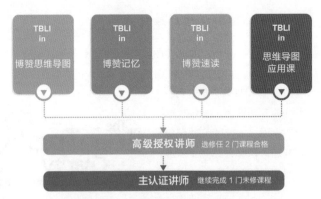

亚太记忆运动理事会博赞中心®为亚洲区唯一博赞授权认证课程管理中心,负责 TBLI 和 TBCP 认证课程的授权及证书的管理和分发。如果你有任何问题或者需要在亚洲区得到任何支持,可以通过以下方式联系相关负责人士。

亚洲官网:www.tonybuzan-asia.com 电子邮件:admin@tonybuzan-asia.com